TSUKUBASHOBO-BOOKLET

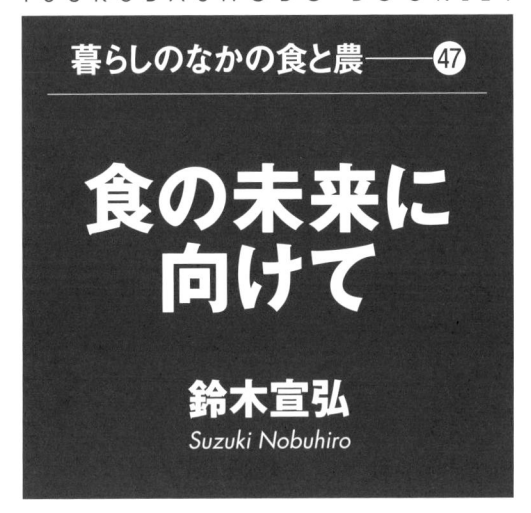

暮らしのなかの食と農——㊼

食の未来に向けて

鈴木宣弘
Suzuki Nobuhiro

筑波書房ブックレット

はしがき

　最近の国際穀物需給の逼迫や、輸入食品の安全性をめぐる問題等の影響で、日本の食料自給率の低さに関心と不安が高まり、国内生産の振興の重要性が再認識されつつあるといわれながら、現実には、飼料・燃料・肥料高騰にもかかわらず上がらない生産物の販売価格の下で、廃業の危機に直面する農業経営が続出しました。欧米では、生産物の価格も大幅に上昇し、生産コスト上昇の影響を吸収しましたが、日本では、そうした動きがかなり鈍かったように思えます。日本の消費者は、農業に対して冷たいのではないかと思わされます。なぜ、自らの食べる物を提供する仕事への思いが、日本では薄いのでしょうか。

　我が国は、世界的にも過剰なほどの「優等生」としてWTO（世界貿易機関）等による農業保護削減に対応してきましたが、それにもかかわらず、いまだに最も過保護な国のように国の内外で批判されていますし、食料生産の関連予算も減り続けています。さらなる貿易自由化圧力にもさらされています。WTOのドーハラウンドにおいても厳しい対応を迫られ、農業大国のオーストラリアや米国との2国間のFTA（自由貿易協定）も準備が進んでいます。

　このような中、2008年12月に食料自給率50%に向けての具体的イメージが公表され、その後の民主党政権においても、10年後に50%、20年後には60%が目標とされていますが、これまでは、自給率目標に向けて、本格的に自給率が上がった試しは一度もありません。自給率目標を「絵に描いた餅」に終わらせないことは本当に可能なのでしょ

うか。

　そもそも食料自給率を上げる意味は何なのか、そのコストとベネフィットの関係も検討しつつ、自らの食べ物を将来的にどう確保していくのかという視点から、日本の農業・農村の存在意義、将来の日本の国土・社会のあり方について、考え直してみましょう。

　なお、本書は、筆者が最近おこなった講演の記録を再編集して構成されております。数多くの講演録を活用させていただきましたので、ひとつひとつを列挙することはいたしませんが、本書の基になった講演会・セミナーの実施や講演録作成にご尽力いただいた関係の皆様、とりわけ、大日本農会の要司編集部長、農協共済総合研究所の渡辺靖仁主任研究員に、記して御礼申し上げます。

　　　　　　　　　　　　　　　　　　　　　　　　　鈴木宣弘

目 次

はしがき …………………………………………………………………… 3
1. 国家戦略としての食料 ………………………………………………… 7
　(1) 農業政策は農家保護政策ではない……7
　(2) 石油に代わりはあるが食料には代わりがきかない……7
　(3) 食料生産の疲弊……8
　(4) 所得が増えなくては生産が継続できない……9
　(5) 国家戦略なき予算査定システム……10
2. 最近の食料政策改革の議論 …………………………………………… 11
　(1) 「岩盤」を前提に経営者の創意工夫を高める……11
　(2) 国民に納得される根拠……13
　(3) 現場で効果が実感できる施策……14
　(4) これまでの経営安定対策の評価と改善点の議論……14
　(5) 農の多面的価値に基づく支払いの充実……18
　(6) 水田のフル活用とコメの生産調整をめぐる議論……20
3. 民主党政権へ …………………………………………………………… 24
　(1) 戸別所得補償のコメのモデル事業……25
　(2) 直接支払いによる農村支援……28
　(3) 補助から融資へ……28
　(4) 畜産・酪農、野菜・果樹等の所得安定……29
　(5) 食料自給率目標……31
4. 食料危機から学ぶ ……………………………………………………… 33
　(1) 過去の経験則が通じない穀物高騰……33
　(2) 簡単に行われる輸出規制の教訓……36
　(3) 米国の世界食料戦略……37
　(4) 畜産の餌は特に日本がその標的……38
　(5) WTOルールの弱点の露呈……39
　(6) 輸出規制は完全には止められない……40
　(7) 自国の国民の食料を守る権利……40
　(8) 消費者は冷たいか……40
5. 日本の食料生産への支援の現実 ……………………………………… 42
　(1) 我が国の農産物関税が高いというのは誤り……42
　(2) 高いのは品目数で1割……42

（3）我が国農業の国内保護が大きいというのは誤り……44
　（4）食料品の内外価格差を保護の結果というのは誤り……45
　（5）国産プレミアムが保護額に含まれている……46
6．欧米輸出国の戦略的食料政策 ……………………………………… 48
　（1）米国のコメが世界に売られていく仕組み……48
　（2）輸出国は輸出補助金を温存している……49
　（3）輸出信用という米国の優れたシステム……52
　（4）日本のコメとは対照的なシステム……53
　（5）農業所得に占める各国政府からの支払いは大きい……54
7．食料をめぐる国際交渉の現実 ……………………………………… 56
　（1）日豪、日米、日欧EPAをどうするか……56
　（2）WTO交渉の内容の情報が不足……57
　（3）WTOでの日本の交渉力……58
　（4）ミニマム・アクセス米について……59
　（5）コメを一般品目にしたら……59
　（6）WTOが今のまま決まれば自給率は？ ……60
　（7）国民全体で国益を議論……60
8．生き残れる食料生産とは ……………………………………… 62
　（1）同じ土俵では戦えない……62
　（2）日本にとって「強い農業」とは？ ……63
　（3）スイスが自由貿易協定で負けない理由……63
　（4）スイスの消費者意識の高さ……64
9．直接支払いの根拠 ……………………………………………… 65
　（1）直接支払いの充実が必要……65
　（2）国民が共有できる指標が重要……66
　（3）窒素循環の話が説明材料になる……67
　（4）非効率なコメは作るなという議論……70
　（5）水田をなくして失うもの……72
　（6）WTOは何年かやっていればゼロ関税……73
　（7）直接支払いは消費者補助金だという説明……74
　（8）行動への仕組みづくりが大切……74
　（9）食料生産が削減するCO_2をビジネスに……75
10．生産者と消費者、国民に届く施策を ………………………… 78

1．国家戦略としての食料

（1）農業政策は農家保護政策ではない

　食料は人々の命に直結する必需財であり、国民に安全な食料を安定的に確保することは国家としての責務ですが、諸外国に比較して、日本ではこの認識が薄いように思われます。

　国民は農業政策が農家保護のためのもので、なぜ自分たちの税金を農家のために使わないといけないのかと否定的な見方をしがちではないでしょうか。自らの食料をどう確保するか、そのための政策だというふうには考えていません。

　昨今の国際穀物需給の逼迫や、輸入食品の安全性をめぐる問題等の影響で、日本の食料自給率の低さに関心と不安が高まり、国内生産の振興の重要性が再認識されつつあるといわれながら、現実には、飼料・燃料・肥料高騰にもかかわらず、上がらない生産物の販売価格の下で、廃業の危機に直面する農業経営が続出しました。欧米では、生産物の価格も大幅に上昇し、生産コスト上昇の影響を吸収しましたが、日本では、そうした動きがかなり鈍かったのです。日本の消費者は、自らの食べる物を提供してくれる農業を支えるという感覚が薄いのでしょうか。

（2）石油に代わりはあるが食料には代わりがきかない

　日本の食料自給率の低さを議論すると、「自給率が非常に低い石油に依存する日本の食料生産において、食料自給率を高めても意味がな

い」という反論が必ず返ってきます。これは間違いです。石油には代替がきくことを忘れています。まさにバイオ燃料の開発もその一つですが、石油の枯渇に備えて、様々な代替燃料・エネルギーを開発・実用化することが可能であり、すでに推進されています。これに対して、人々の命に直結する食料は代替がききません。したがって、石油と食料は同列には論じられません。

現に、日本は、2030年までに、現在、年間6,000万kℓ使われているガソリンの10分の1にあたる600万kℓをバイオエタノールでまかなう目標を立てていますが、600万kℓというのは、ちょうど現在、農業で使用しているガソリン量に相当します。つまり、あくまで目標ですが、これが実現されますと、国産のバイオ燃料だけで食料生産が可能になります。

(3) 食料生産の疲弊

しかし、国民への食料供給基盤は大きく揺らいでいます。最近、よく紹介されるデータのひとつに、1990年に6.1兆円あった日本全体の集計的な農業所得は2006年には3.2兆円で、15年で半分になってしまっているという数字があります。コメの値段をみれば明らかです。以前は1俵2万円以上していたのが、今は1万円すれすれなのですから、これでは（しっかりした補填がないかぎり）所得が減ります。畜産物も青果物も同様です。こういう状況では先が見通せなくて経営を続けていけないと、現場の農家から悲鳴があがっています。

さらに、日本の国産の農産物による最終的な食料産業の規模は65兆円もありますが、生産段階には8兆円しか配分されていないという数字もあります。しかも、農業所得の部分が半分になってきているということは、この非常に少ない生産部門への配分シェアがどんどん縮小

してきているということです。

　農家が一生懸命努力して、有利販売しようとしていますが、全体で見ると実は「買い叩かれている」状態にあるのです。これは現場の努力が足りないということですまされる問題なのでしょうか、日本では小売部門の取引交渉力が強すぎる（**図1**は牛乳市場の試算例）という問題も含めて、政策的にどう考えるかも問われています。

図1　日本における酪農協・メーカー・スーパー間の取引交渉力バランス

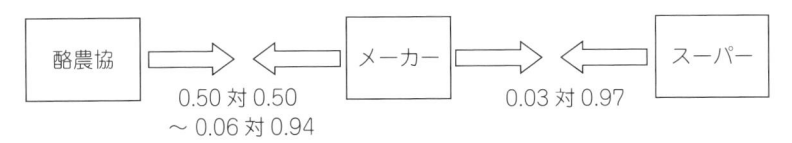

```
┌──────┐  ⇒  ⇐  ┌──────┐  ⇒   ⇐   ┌──────┐
│酪農協│          │メーカー│            │スーパー│
└──────┘          └──────┘            └──────┘
      0.50 対 0.50          0.03 対 0.97
      ～ 0.06 対 0.94
```

資料：木下順子・鈴木宣弘による推計結果。
注：0に近いほど劣位、1に近いほど優位な取引交渉力をもつ。スーパー vs メーカーはほぼ1：0でスーパーが圧倒的優位、メーカー vs 酪農協は 0.9：0.1～0.5：0.5 で、よく見積もって五分五分。飼料高騰の負担が生産サイドに向かいやすい構造が理解される。

（4）所得が増えなくては生産が継続できない

　ともかく、まずは、より直接的に何とか農家の所得下落に歯止めをかけないといけないという認識が、最近の農政改革の議論のきっかけとなりました。「食料生産を仕事としていては家族を養えない」という経営者が続出していては、国民生活の最も基礎になる食料の確保にも不安が生じます。

　2009年のはじめから、懸命の農政改革の議論が行われ、所得の下落に歯止めをかけるための「岩盤」の導入も検討されましたが、政権交代を経て、「戸別所得補償制度」が所得の岩盤を形成する基本的な仕組として導入されました。

しかし、コメのモデル事業の予算を拡充できた矢先、その分を農水予算から減らすことが求められ、戸別所得補償が確保できたものの、農水予算は全体としては減額され、農家にとっては岩盤のプラスが、結局、他の予算が削られたことによる負担増で相殺されてしまいかねない心配が生じています。

（5）国家戦略なき予算査定システム

国民の食料を確保し、国土を守る大切な予算が、国家戦略なしに、ただ削れるところから削ればよいというような査定で判断されるのはおかしなことです。新政権では、国家戦略室（局）の設置により、思い切った予算の拡充ができない現行の財務省による査定システムを見直し、国家戦略として、省庁の枠を超えた一段高いレベルでの国家全体での予算配分を行うことが可能になることが期待されましたが、これまでのところ、むしろ事態は悪化しているかにも見えます。国家戦略なき予算査定システムを崩さない限り、明るい日本の食の未来も、日本全体の未来も開けません。

しかし、そのような予算編成が問題視されるどころか、むしろ国民は、過保護な農業に、これ以上の補助金は必要ない、といった視線に見えます。農が身近にあることの価値を国民が自分の問題として捉えていません。

2. 最近の食料政策改革の議論

　こうした中、農業所得の下落に歯止めをかけ、国民生活の最も基礎になる食料を確保していくことは可能でしょうか。

　2009年8月の衆議院選挙によって、政権交代がありましたが、2009年のはじめから、石破前農水大臣の下で、懸命の食料政策改革の議論が始まっていました。

　努力しても価格は下がり所得は減っていく——この閉塞感を打ち破り、将来に向けて安心して経営計画が立てられるような具体的でわかり易く、かつ単年で消えるような対処療法的な施策でなく、持続的な支えとなる明確な政策メッセージが現場では求められていました。

　この事態を放置すれば、日本の農業・農村の衰退、食料供給力のさらなる低下は避けられないと認識し、農業で十分な所得が得られ、農村現場に活気を取り戻すために、現場の声をしっかりと受け止め、現場で効果が実感でき、消費者、一般国民からも納得してもらえるような総合的な国家戦略としての政策体系がいまこそ必要で、それは政局に関係なく全力で取り組まねばならないと意識されていました。

　そのためには、農水省だけではなくてほかの省も巻き込み、国民全体を巻き込んで議論ができるような組織で議論を進めたらどうかというのが大臣の意向で、6大臣会合の特命チームが立ち上げられました。

(1)「岩盤」を前提に経営者の創意工夫を高める

　そこでの議論では、3本の柱がセットとして認識されていたように

思います。

　まず一つ目（①）が、農村の現場で経営者が経営能力を最大限に発揮できるような環境、創意工夫がのびのびできるような環境をつくる。これがコメの生産調整にかかわる部分です。

　しかしながら、それを行うにあたってはその基礎として、まず意欲的にがんばっておられる経営者の皆さんが、このように所得が下がっていく状況ではもたないから、最低限のセーフティ・ネット（岩盤）をしっかりとつくらなければいけない（②）。この部分が今、不十分だという認識でした。

　それともう一つは、そのときに「担い手」の定義についても、これまで規模だけで「担い手」を区切っていたけれども、本当に意欲的な「担い手」、意欲的にいろいろな経営戦略をやっておられる方を規模だけで区切れるかという問題については、市町村特認等でも見直しが行われましたが、やはり定義上ここも考えなければいけないという議論もありました。

　さらに、そうは言っても「担い手」という定義から漏れる人たちが出てくる。特に中山間地域中心に、そういう人たちが多い地域についてはどうするのか。それが三つ目（③）として、いわゆる多面的機能といわれる環境面、地域社会の維持、景観などということも含めた、農の持つ価値についてしっかりとした認識を踏まえたうえで、国民に説明したうえで理解を得て、それに対する支払いをヨーロッパのようにきちんと強化すべきであるということでした。

　2007年に、品目横断的経営安定対策と呼ばれる制度がスタートして、農政の大改革と言われたときに、担い手への対策としての経営安定対策と、「車の両輪」ということで、一方の社会政策的な意味合いで、農地・水・環境保全向上対策、その前からあった中山間地域等直接支

払などがあったわけですが、これについては、それなりに現場でも評価されているけれども、この部分が「車の両輪」に全然なっていない。非常に額も小さい。だから、この部分を大幅に拡充しなければいけない、具体的には一桁足りないという認識が示されておりました。

　つまり、①現場での経営の柔軟性を高めることが重要だが、そのためには、②担い手への岩盤をしっかり入れることと、さらに、③農村社会全体に対する農の価値に対する支払いの大幅強化をやることによって、全体を支えることが必要で、この三つはセットでなければいけないという認識があったと思います。

　しかし、この②と③の部分がほとんど触れられないまま、①の部分が強調され、現場で自由度が高まって、米価が下落してたいへんな混乱に陥るというような不安が広がったきらいがありました。

（2）国民に納得される根拠

　②は、担い手に対して、努力しても外国との生産コスト格差が埋められないような部分を最低限補填することで、所得が確保できるようにするという「産業政策」としての直接支払いであり、③は、「社会政策」としての直接支払いだと整理できます。

　国家安全保障、環境、景観、地域社会の維持、文化・教育に及ぶようなものについての農の価値は、担い手に限らず、すべての農家、むしろ中山間地のようなところのほうが高い場合もあるわけですから、そういうことについての評価に基づく支払いは、きちんと根拠を分けてする必要がある、バラマキという批判を受けないためにも、そういう整理が必要ではないかという認識もありました。

（3）現場で効果が実感できる施策

　また、大枠で、これが重要だという方向が出ても、思い切った予算の再編や拡充ができない現行の財務省による査定システムがネックになることも多いので、これを見直し、国家戦略、世界貢献として、省庁の枠を超えた一段高いレベルでの国家全体での予算配分を行う方向に持っていけないかとの認識もありました。

　また、めざすべき方向で大枠の予算がとれても、それを現実的にそれぞれの施策に落としていく場合に、今あるそれぞれの農水省の各課で持っている詳細な事業があって、それはそれなりにすべて目的があるわけですが、そういうものに落とし込んでいくと非常に細かくなり、それが現場に行くと、その市町村で一手にそれを引き受けて、似たような事業がまた錯綜してしまうことが多いわけです。

　市町村の担当の方が説明しても、農家の方もなかなかわかりづらいし、質問しても市町村の方も答えきれない場合があるとか、この辺りは農水省等も相当に努力されていると思いますが、さらに、わかりやすさ、使いやすさ、ポイントを押さえて所得形成に届く重点化という点で改善がないと、結果的に現場で使いにくいというところを打破できないと痛感していました。さらには、とりあえずの事業実施期間が短期的で、来年、再来年は事業が続くかどうかわからない、といった現場の不安も大きかったと思います。

（4）これまでの経営安定対策の評価と改善点の議論

　まず経営安定対策の問題です。2007年から、新しい仕組みとして、いわゆる「ナラシ」という収入変動を緩和する（＝ならす）対策と、麦・大豆等を中心に「ゲタ」（海外との生産コストの格差を補填する）といわれる形に補填が変わりましたけれども、これをどう考えるかと

いうことがまさに岩盤の議論とかかわってくるわけです。

　農水省のアンケート調査によれば、「ナラシ」については7割、「ゲタ」については6割の方が評価すると回答しています。しかし、これについては現場では改善を求める声が相当に多くなっていたことも放置できない現実でした。

　①経営収入の変動緩和対策

　つまり、米価がどこまで下がるかわからないという状況をつくりだしたのは、「ナラシ」の部分における過去5年のうちの最高と最低を除いた3年を取って平均した収入を基準にするという制度が、趨勢的に米価が下がっていく場合には、基準がどんどん下がってしまうということで下支えにならないために、稲作を中心に農業所得が低下する大きな原因になっていたわけです。

　最低限の下支え水準（岩盤）を入れるという議論については、農家が意図的に安売りして、いわゆるモラル・ハザードが起こるということで、こういうことは絶対にやってはいけないものだというように、つい最近までずっと言われてきました。

　けれども、先述のように、今回の食料政策改革の議論は、まさに岩盤を入れなければいけないという議論をやっているわけです。これは、農水省がこれまで絶対に変えられないと言ってきたことに対する180度逆のことを言っている側面もあったわけで、ある意味、画期的な話でした。それだけに実現の難しさもあったということです。

　今の制度の中に、米価でいえば、14,000円とかの岩盤水準を組み込んで、それを下回った場合には、その水準が確保されるような補填を発動するということも考えられるでしょうし、もっと目立たないようにと言ったら変ですが、例えば米価の水準で1俵14,000円程度を標準的な経営の最低限の米価として、米価がこれを下回らないように基準

収入を算定するとすれば、今、5年中の3年で平均を取りますが、そのうちの1年でも14,000円を下回る年があったら、その年は14,000円に置き換えるというような算定方法をちょっと見直す形でも、実質的な岩盤機能を入れることができるわけです。

それからモラル・ハザードの議論については、例えば標準的な経営において目標水準を14,000円として、標準的な経営での収入、米価水準が12,000円だったら、その乖離の2,000円の9割の1,800円を払うということにしますと、一生懸命努力していて14,000円で売っている方にも1,800円は払われるわけだし、わざと8,000円で売った方は1,800円しかもらえないわけだから、結局、足りなくなるわけです。

つまり、努力した人には、自分では差額が生じていなくてもしっかりプラスアルファでもらえるわけだし、安売りすれば、もらえても十分に収入にならないということになりますから、努力を誘発するという意味でモラル・ハザードにならないのではないかということを我々は申し上げていました。

②過去実績に基づく支払い

次に「ゲタ」の部分です。日本の経営者が努力しても、土地条件の差で、海外産地とは生産コストの格差が生まれるから、それを補填しようという考え方ですが、過去の実績に基づく支払いという考え方が導入されました。補填額の7割の部分が過去の実績に基づいて支払われるわけです。そうしますと、今年は何を作ってもいいわけです。何か作らなければいけませんが、農地を何かで使っていればいいわけです。例えば麦・大豆をもっと増産してもらいたい、自給率を上がるようにしたいというのが目的の日本において、生産を刺激してはいけない政策ということで、過去の実績に基づいて支払わなければいけない。これはWTO（世界貿易機関）が言っているからやらなければい

けないのだということで入れたわけですが、そもそも非常に難しい矛盾をはらんでいます。生産を伸ばしたい日本で生産を増やしてはいけない政策を入れたのですから、難しくなるのは当然とも言えます。

ですから、北海道等でも、しっかりと努力して生産しようという意欲がどんどん薄れてきて、荒らしづくりや、ほかのものをつくったり、こういう状況では子どもにも継いでくれと言えない、経営者としてなかなか意欲がわいてこないという意見が出されました。この部分をどうするかということも大きな問題になってきます。

WTOを金科玉条のように扱って日本の場合は「黄」(削減対象)の政策は即廃止だということで世界に先駆けて廃止したわけですけれども、諸外国を見てみますと、米国などは必要であれば「黄」の政策でも新しくつくったり、削減対象のAMS(国内農業保護の総額)の約束水準を上回っているかどうかということも気にしません。もし上回ったと言われたら、そのときに考えればいいぐらいでやっています。

むしろ日本は、ほかの国よりも率先して、価格支持など「黄」の政策をやめてしまったわけです。そうしますと、やりすぎたわけだから余裕がいっぱいあるわけです。そういう意味でも、「黄」の政策が少々あっても別に平気だという議論もあります。

それから、形式的に「緑」(非削減対象)の政策として通報することは実は可能です。つまり、第一段階で、今年の生産量について計算しておいて、第二段階で、過去の実績に基づいて面積割で計算し直して公表するということです。

それからもう一つ問題になるのは、ローリング(基準年の見直し)です。これがはっきりとわかっていれば、今年はそんなに麦を作らなくても大丈夫だ、ということにはなりません。農家の方も3年後に見直されるとわかっていたら、実績を作らなければならないということ

がわかるわけですが、これを言ってしまうとWTO違反になるから言ってはいけないというわけです。だから「いつ見直すのですか」と聞いたら、「知りません」と誰も言ってくれない。だから見直さないのかということで、どんどん経営に力が入りにくい傾向が出てしまう。3年後に見直すという噂が流れているということにしておいてもいいわけです。責任をとりたくないから、自分が言ったといわれたくないというような話で、そこをうやむやにしたままでやるから、現場は非常に困っています。だから、ローリングの部分をしっかりと噂としてでも流すことができるだけでも相当に違うので、このあたりは、もう少し柔軟な対応をとるだけで相当に変えられる側面もあると考えられました。

(5) 農の多面的価値に基づく支払いの充実

　それからもう一つ、多面的機能支払いの大幅拡充については、6大臣会合の特命チームでも2009年6月に示された農水省の事務局のペーパーで、だいぶ踏み込んだ表現が出てきておりました。経営安定対策と「車の両輪」と言われながら、不十分と考えられていた地域政策、社会政策としての農政の部分について、どうするかという点です。

　事務局ペーパーでは、「産業政策としての農政」と「地域政策としての農政」は重要なテーマで、国民全体で支える視点が重要であり、「地域コミュニティの維持」「所得機会・就業機会の確保」「環境保全」を掲げて、不足項目を検証して、現場で効果が実感できる対策に再構築するという内容が表明されました。

　「これまでの中山間の直接支払い、農地・水・環境政策はそれなりに評価されているが不十分である。だから、これをしっかりと見直す」ということだったのですが、具体的な対応は、「地域マネジメント法人」

というものを支援するという案でした。

　どういうことかと言いますと、農村現場に人々が住みにくくなったのは、生活サービスが低下したからだと。だから、介護サービス、バスのサービスなどのいろいろな生活環境を整えることによって、住みやすくするために、農業部分だけではなくて、農村で生活するための周辺の環境整備までやるような法人を支援するということが強く出されたわけです。

　これは確かに重要なことではあるのですけれども、農地・水・環境、中山間地域等直接支払いなどを10倍に拡充しなければいけないという話にはなりませんでした。まさに農村地域に人が住めなくなるのは、そこで儲からないからだ、所得が十分に得られないからなのだから、そこの所得を支える支援が必要だという議論から出てきたのだけれども、生活しにくいから生活環境を整えることを支援するという部分を前面に出すと、やや本末転倒というか、生活の周辺を支援してみても、所得が得られなかったら人は定着できないわけです。

　むしろ逆に、しっかりと儲かる農業になれば、そこに自然に人が住み、生活サービスも低下しなくてすむわけです。その根本原因のところをしっかりやるのだと言いながらも、具体的なところにおいては、周辺を整備するという議論になっているのではないか、という印象でした。

　こういう議論が出てくる一つの背景には、財務省に持って行って、「そんな予算の大幅拡充ができるわけがないでしょう」と言われ、帰ってくると、「申し訳ないですけれども、だめでした」で全部が終わってしまうという、これまでの苦しさですよね。農水省だってそういうことで終わりたくはないのだけれども、そう言われたら、「しようがないから、終わりです」と。

この部分が出てくると、せっかくの議論がそこで矮小化されてしまうわけです。財務省は国家戦略という大きな視点で何が必要だということの前に、それぞれの既存の予算の中で、シーリング（上限）があるからこれだけしかだめだというような話で判断しがちですから、こういう査定システムには限界があります。

　だから、6大臣会合の特命チームを立ち上げたというのも、まさに省庁を超えた形で食料生産を戦略的に国として支援するにはどうしたらいいか、そういう意味での予算が付けられるようにしようということも大きな理由として始まったわけですけれども、やはり予算の議論になると、従来の面が見えてきているのではないか。このあたりを何とか、大きな議論を喚起する中で国家戦略として農業に予算を付けなければいけない。それは個別の事業で財務省がシーリングするような問題とは違うのだという、そこの部分をどうやって持っていくかが、まだ課題として残っているのではないかということも痛感されました。

（6）水田のフル活用とコメの生産調整をめぐる議論

　それでは、「水田のフル活用」とはどういう話かという点を考えましょう。今回の食料危機（詳しくは後述）も踏まえてどういうふうに対応するかという点で、やっぱり水田の活用が非常に重要だということになりました。

　今回、国際的に見ましても、日本が30万トンのコメをフィリピンに送ると表明しただけで国際相場を急速に下げることができた。じゃあ、もっと日本のコメを世界のためにしっかりと活用しようじゃないかと。普段から10億人に及ぶ栄養不足人口がいるのだから、日本はコメに潜在生産力があるのだから、このコメをしっかり作って世界に貢献しようと。これは、洞爺湖サミットでも当時の福田総理が備蓄も含めてしっ

かりと日本が貢献するということを言ったことを実現することになるわけです。

　それなのに日本は水田の４割も抑制しているということは、これは不合理であると。だから、これからコメは作るのだということが表明されたわけですね。水田はフル活用だと。しかしながら、それが普段から全部主食に回れば、これは米価が暴落しますので、そのために米粉であり、餌米であり、バイオ燃料米であり、それから私は備蓄も非常に重要だと申し上げてきました。

　備蓄は余った時だけ買うということでいろいろ問題になりましたけれども、そのレベルの議論とは切り離さなくてはいけません。そうじゃなくて、まさに日本の国際貢献のためにコメをしっかり活用しなければいけない。そのために備蓄をもっと増やして、300万トンとかですね。それで機動的に出していくという、こういう体制こそが重要なのであって、それは農水予算を超えた、国家予算として、国家戦略として、そういうものを位置付けるべきです。そういうものをしっかり位置付けて、今もう既に水田のフル活用というのは生産調整ではないわけですね。生産調整ではなくて、これは販売調整、出口調整だと。生産はするけれども、販売の部分、出口の部分で、きちんと販路を作って行くのだというのが、まさに水田のフル活用の流れかというふうに私は理解しておりました。

　ですから、それが十分に進めば、販路が十分に維持されるように、その差額補填もしっかりと主食と遜色ないように行われれば、主食に対する過剰圧力が弱まってきます。だから、将来的に見えてくる姿としては、主食にはこれだけの差額補填、岩盤。それから米粉・餌米にはこれだけの補填、麦・大豆にはこれだけの補填、そういう補填額を見ながら、枠があるわけではなくて、補填額を見ながら地域にとって

一番合うものを選んで頂いて作付け体系を構成していくというような状態が見えてくるのではないかと。だから、そういう流れは、例えば、九州ではもっと他の用途のコメが増えてくるとか、そういう意味で全国的な適地適作が進むということになるのではないかと考えました。

ただし、生産調整の「選択制」と言われた議論は、生産枠を前提にしたものでした。「選択制」の具体的な中身としては、一つ目が、組織の皆さんが一生懸命お願いしなくても生産調整が進むように、主食の割り当てを守った方には岩盤を強化するというのが大きな柱でした。ですから、これはある意味、転作メリットの強化と同じです。水田のフル活用で麦・大豆に上乗せするのと、主食に岩盤を強化するのは同じ効果があります。

それから、もう一つの大きな要素は、麦・大豆・米粉・餌米等は、転作ではないのだと。戦略作物として増やさなければいけないから、生産調整に参加するか否かは関係なしに、これは水田のどこかで作っていらっしゃる方には補填対象になりますと。生産調整とのリンクが切られるということが議論されていたわけです。だから、例えば佐賀県の裏作麦とかも対象になります。その代わり、しっかりと主食と同じだけの10a当たりの所得が得られるような形で補填しなければいけないということになります。

しかし、当時は、「水田フル活用」と「選択制」が対立の構図として整理されていた感がありました。水田のフル活用が過剰作付けを減らし、選択制が過剰作付けを増やすという対比です。私は、そこは違うのではないかということを申し上げていました。つまり、「選択制」による参加者へのメリット強化は、水田フル活用で、転作作物にメリット措置を上乗せするのと、表裏の関係で、同様の過剰作付けの減少効果を持つ可能性があります。

また、生産調整への参加を、麦・大豆等の補填の条件としないというのも、補填水準にもよりますが、麦・大豆等の増加につながり、結果的に過剰作付けの減少に寄与するかもしれません。こうしてみると、「選択制」＝過剰作付け増加、ということには必ずしもならないと思われ、したがって、「水田フル活用」と「選択制」の議論は、私には、必ずしも対立の構図ではなく、共通の目的を達成するために収斂させることが可能だと思われました。しかし、衆議院選挙の前には、このような整理にはなりませんでした。

　それから、経済的メリットでやるかどうかを判断して頂くという部分を強めるということは、これまで今年の過剰作付けがあれば、次年度にペナルティとして上乗せされるものだから、次の年に生産調整の達成者が未達成者の分をどんどん上乗せして負担していかなければならないという、こういう問題はなくなるわけです。経済的メリットでやるかどうかを、その都度判断して頂くというわけですから、ペナルティという概念はなくなるということを考えていたわけです。

3．民主党政権へ

　以上のように、前政権下においても、食料生産の疲弊に対処するため、懸命の議論が行われておりました。しかし、コメの生産調整をめぐる議論が詰められなくなりまして、これとセットだということで、岩盤対策をしっかりとしなければいけないという議論と、多面的機能における支払いを一けた増やさなければいけないという議論もできなくなってしまいました。

　農村での、このままでは生活できないという悲鳴にも似た声に対して、まず最低限の支えを提供するのだというメッセージを早く出せなかったら、現場の不安は募るばかりですから、生産調整の議論ができないならば、岩盤の議論と多面的機能支払いの議論だけはしっかりと前面に、先にやって、それで支えの部分があることを前提にして、あとの議論をやる。これがむしろいい順番だと私は思っていましたが、それはできませんでした。

　結果的に、前政権下においては、

① 収入変動影響緩和対策（ナラシ）では所得の下落に歯止めがかからず、「岩盤」が必要
② 生産条件不利補正対策（ゲタ）では、生産を刺激してはいけない政策を増産が必要な日本に導入した矛盾で経営意欲が失われている
③ 規模拡大によるコストダウンは重要な戦略の一つだが、経営戦略は多様であり、「担い手」は規模だけでは区切れない
④ 施策が複雑で使いづらく、書類は多いが効果が実感できず、また、

短期で政策が変更され、安心して利用できない
⑤米価下落に歯止めがかからない、過剰作付けの増加を参加者が上乗せ負担していかねばならぬ不公平感等の生産調整の閉塞感
⑥農の多面的価値への支払い（農地・水・環境保全向上対策等）は役に立っているが、経営安定対策と「車の両輪」として多様な農家を下支えできるものにはなっていないので、大幅拡充が必要
⑦思い切った国家戦略としての食料政策予算拡充ができない予算査定システムの打破

といった現場の切実な問題に対して、十分な結論には到達できませんでした。そして、政権が代わり、戸別所得補償制度を中心とする施策に、これらの解決が引き継がれました。

ただし、⑦につきましては、思い切った予算の再編や拡充ができない現行の査定システムを見直し、国家戦略、世界貢献として、省庁の枠を超えた一段高いレベルでの国家全体での予算配分を行うことが、国家戦略室等の設置により、可能になることも期待されましたが、これまでのところ、むしろ後退しているようにさえ見えます。食料政策にかぎらず、国家戦略なき査定システムを崩さない限り、明るい日本の展望は開けないと思われます。

（1）戸別所得補償のコメのモデル事業

2010年度の戸別所得補償制度は、コメにおけるモデル事業として、生産調整参加者への「岩盤」として導入されました。「戦略作物」についても、2011年度以降には、生産目標数量が導入される可能性がありますが、この場合の生産目標数量は、目標数量をオーバーしてもよいが、補填は目標数量内の数量に行うようなものとして考えられているようです。

なお、戦略作物への補填は、主食と同等以上の所得が得られるための差額が基本でありますが、初年度の麦・大豆3.5万円、飼料米・WCS（稲発酵粗飼料）8万円等は、あくまで、とりあえず従来の標準値を設定したもので、今後、本来の考え方に合致するように見直されることになるでしょう。ただし、その場合も、全国一律で、施策の簡便性を追求できる利点と、これまで交付金方式で、地域の実態に合わせて柔軟に戦略作物の振興への補填額を設定できた利点をどう調整できるかが問われるように思います。

　なお、九州では、すでに飼料米とWCSを大幅に増加する計画を進めつつある県もあります。熊本県では、これからは餌米を中心にするということのようです。主食は3等米が増えてきていることもあり、一方、畜産が盛んですから、餌米を大増産したいと。今回、餌米とWCSに8万円というのを受けて、餌米は今35haぐらいしかないが、これを250haにして、WCSも1,000haにするというような拡大目標が立てられつつあるようです。

　今後の議論としては、これまで施策の重点的な対象としてきた「担い手」をどう扱うのかという点もあります。今回の岩盤は、生産調整参加を条件とした広い販売農家全体への岩盤ですけれども、それとは別に規模が大きかったり、意欲的にやっておられるこれまでの中核的な担い手の皆さんに対しては、今までの「ナラシ」のような制度を生産調整とは切り離して、もっと規模拡大とかに頑張って頂くための補填システムを別途セットにするという議論です。つまり、これまでの「ナラシ」の考え方を、ある形で残すような形でセットにできないかというような議論もあろうかと思います。そうしますと、これが実現できるかどうかはわかりませんけれども、生産調整に参加することを条件にした販売農家全体に対する岩盤と、生産調整への参加とはリン

クを切った形で今までの「ナラシ」のような制度、ある条件を超えた方々への補填というものを二つ組み合わせられないかということですが、この辺りの議論は具体的にどういうふうに整理されるかはわかりません。

　さらに、戸別所得補償制度は、誰でも彼でもメリットがあるかというと、そうではないということはおさえておく必要があります。生産調整に参加する販売農家であれば、単位当たり同額の補填が受けられますが、支払われるのは、全国一律の平均生産費と平均販売価格との差額だということです。例えば、平均生産費が13,700円で、平均販売価格が12,000円としたら、その差額の1,700円が一俵当たりに換算した補助金です。これに加えて、今年の手取り米価が12,000円より下がれば、その差額も追加で支払われます。

　ですから、標準的な経営費で標準的な販売価格の経営にとっては、13,700円が、最低限補償される「岩盤」となりますが、18,000円のコストで生産し10,000円で販売している経営は、8,000円が支給されるわけではなく、1,700円の支給ですから、赤字はほとんど解消しません。逆に、10,000円のコストで生産し18,000円で販売している経営は、すでに利益が大きくても、さらにボーナスとして、1,700円が入ることになります。

　つまり、誰でも彼でも利益になるわけではなく、コスト削減と高値販売への経営努力が報われるシステムとも言えます。全国一律の基準は、立地条件により努力してもコストが高く、販売価格は高くなりにくい地域には不利だという問題も残りますが、経営努力を促す効果は期待されます。

　なお、細部における現場の混乱や、将来像が見えにくいという現場の不安に対しては、水田フル活用の流れとコメのモデル事業が描こう

としている今後の方向性（例えば、生産調整から販売・出口調整への転換、そのために、米粉、飼料米等に主食同等以上の所得を確保し、世界貢献の備蓄も確保し、全国的な適地適作を進め、将来的には主食の割当ても必要なくなるような補塡による誘導）をしっかり示せるかどうかが重要かと思います。大きな流れとしての方向性、目指す姿をはっきり説明することは、ある程度の混乱を受け入れても希望を持って前に進もうとする力となり、現場の安心感につながります。

（2）直接支払いによる農村支援

　農地・水・環境保全向上対策に代表される、農の持つ多面的機能に着目した社会政策的な支援を大幅に拡充すべきという方向性は、新政権においても重視されています。具体的には、「直接支払いによる農村支援」の充実が重要な位置づけになっており、農地・水・環境保全向上対策は、集団的な資源保全管理活動（一階）と環境支払い（二階）のリンクを外して、「資源保全管理支払い」と、集団活動（一階部分）を要件としない環境に配慮した営農に対する「環境直接支払い」とに分けて、恒久措置に位置づける方向性が打ち出されています。中山間地直接支払いについても、要件を見直しつつ、恒久措置に位置づける方向性であると考えられます。なお、環境を根拠にした支払いの充実は、戸別所得補償における「環境加算」においても実施される可能性があります。

（3）補助から融資へ

　戸別所得補償によって、最低限の農業所得の「岩盤」を提供し、環境等の農の持つ多面的価値への直接支払いを充実する一方で、それ以外の補助金はできるかぎり、融資（無担保・超低金利・超長期）に切

り替えて、経営者の創意工夫を促し、食料の生産のみならず、加工や販売も取り込むという「6次産業化」を推進する方向性も示されています。

融資に関連しては、現場では、例えば、「飼料米を大幅に拡大すべく、機械を購入しようとしたら、機械の補助金が出なくなってしまった。融資を充実するなら、早く使えるようにセットで進めてもらわないとアクセルとブレーキを一緒に踏んでいるようなことになりかねない」との声があります。これに対しては、700億円の無担保融資などを手当てしていることが早く現場に浸透するように説明がなされる必要があります。

（4）畜産・酪農、野菜・果樹等の所得安定

畜産・酪農についても、今回の飼料高騰等によるコスト高の中で、生産物価格はなかなか上がらず、急激な所得減少が生じ、既存の補てん対策に加えて、緊急的な直接支払い等が期間限定で行われました。

一方、例えば、米国の酪農では、ミルク・マーケティング・オーダー（FMMO）制度の下、政府が、乳製品市況から逆算した加工原料乳価をメーカーの最低支払い義務乳価として設定し、それに全米2,600の郡（カウンティ）別に定めた「飲用プレミアム」を加算して地域別のメーカーの最低支払い義務の飲用乳価を毎月公定していますが、さらに、米国では、FMMOで決まる最低支払い義務飲用乳価水準が低くなりすぎる場合に対処するため、2002年に飲用乳価への目標価格を別途定め、FMMOによる飲用乳価がそれを下回った場合には、政府が不足払いする制度を導入しました。WTO規程上、「削減対象」の政策を新設すること自体、その廃止を世界に先駆けて実践した我が国からすれば考えられないことですが、今回、さらに注目すべきは、飲用乳

価への目標価格が、今回のような飼料価格高騰による酪農家の収益減少に対応できないことが判明したのを受けて、2008年農業法において、飼料価格高騰への対処として、目標価格が飼料価格の高騰に連動して上昇するルールを付加したことです。その場かぎりの緊急措置をその都度議論するのでなく、ルール化された発動基準にしてシステマティックな仕組みにしていこうとする米国の姿勢は合理的です。

民主党政権では、生産コストの上昇や畜産物価格の下落等の事態に機動的に対応できる「畜産・酪農所得補償制度」を創設する方向で検討されることになっています。

肥育牛、繁殖牛や養豚については、生産コストに見合う基準価格と実際の販売価格との差額を補填する仕組みが今もありますので、全面的に制度を変更するのでなく、今回の飼料危機に対応しきれず、緊急措置として発動されたものを、本体の制度の中のルールに組み込んだうえで、継ぎ足してきたために複雑になっている部分を整理することで対応することも可能かもしれません。

ただし、酪農については、現在の加工原料乳（バター・脱脂粉乳向け）の補給金は約10円でほとんど固定的で、今回も生産費が10円上がっても1円程度しか補給金は増えませんでした。したがって、生産費との差額が補填されるように、補給金の算定方法そのものに変更が必要です。

また、チーズや生クリームの補給金も、同様に、目標価格との差額補填の形で拡充する必要があります。特に、生乳過剰が心配される場合に、生乳生産の減産で対応するのには限界があります。牛の成育上、過剰と逼迫の繰り返しを生じやすいからで、これまでの関係者の計画生産の努力には敬意を表しますが、コメと同様、生産調整から販売調整への移行が求められます。

特に、販売価格を抑えれば消費が伸びるチーズ向けについては、差額補填の充実によりメーカーの引取量を増やすことができます。さらに、今回の飼料危機で、都府県酪農を支えるために、飲用乳についても３円/kg以上の直接支払いが支払われました。この緊急措置を踏まえ、米国のように、飲用乳への補填を組み込むことも検討が必要です。

果樹については、従来の経営安定対策が基金の枯渇等の問題で打ち切られ、災害補償での役割を担うNOSAIの加入率も25％程度と低い状況にあります。一方、野菜についても、全体的な価格下落が進んでおり、以前は1,000万円の所得が見込めた施設園芸も平均で300万円程度の所得になっているとの聴き取り情報もあります。こうした中、野菜・果樹についても、最低限の所得安定対策が望まれるでしょう。野菜・果樹については、「収入保険」的な制度が検討されつつあります。

予算確保の不安も出てきている中、これらの分野の経営安定対策が「尻すぼみ」にならないように、早急に具体策を議論し、農業全体の「基本計画」や酪農・畜産、果樹等の「基本方針」に、具体策のイメージを踏まえた方向性を書き込み、工程表での具体化につながるようにしておく必要があります。先送りは現場に芽生えつつある失望感を決定づけかねません。

（5）食料自給率目標

これまでにも何度も自給率目標が設定されてきましたが、それに向けて自給率が本格的に上がったことはありません。常に「絵に描いた餅」に終わっています。これでは意味がありません。

現在の食料生産は、生産要素である農地や担い手の状況（規模や年齢）や、技術水準に規定されており、それらの趨勢的変化がこのまま進めば、我が国の食料生産力は、今後どのように推移していくのかを、

まず押さえる必要があります。農水省の試算結果は、2020年には、国内生産力は現状の4分の3に低下する可能性があることを示しています。この見込みを踏まえた上で、生産力を引き上げるには、どのような取組が必要であり、その結果として、実現すべき食料自給率の目標につながる、という裏付けのある方向性が示される必要があります。

また、趨勢的に落ちつつある生産力を引き上げるには、どの程度の政策的コスト負担が必要で、国民として、それを負担しても自給率を引き上げるメリットがあるかどうかについて提示することで、国民理解を得るための議論が展開可能となります。

こうした考え方で、しっかりとした裏付けのある目標設定を進めるという方向は、民主党政権においても同様だと思います。

ただし、WTO、FTA（自由貿易協定）交渉の進展との整合性も十分検討する必要があります。すでに政府間交渉を行っている日豪のFTAの成立だけでも、40％の自給率が30％まで下がり、日米、日EUが続くとなると、WTOベースで自由化したのと変わらなくなり、自給率は12％に向けて下がるとの試算もあります。かりにFTAにおいてコメを完全なゼロ関税にしても、現在の国内生産が維持できるように1俵14,000円との差額を補填すると1.7兆円程度の財政負担が毎年コメだけで生じる可能性もあります。関税水準と直接支払いの必要額はセットであることに留意し、現実的な選択肢が検討される必要があります。

4．食料危機から学ぶ

　さて、今回の「食料危機」を経験して、自分たちの食料をどう確保していくかということで、食料生産に対してもっとしっかりとした戦略的な支援が日本も必要だという世論は盛り上がったかに見えましたが、総論から具体的な議論に入ろうとすると、これ以上何をするのか、十分に農業には支援してきたではないか、バラマキで過保護なのだから必要ないという議論がすぐ出てきます。そういう議論には誤解も多いので、こうした誤った世論形成については、早急に解いて、身近に食料生産があることの意味を、自分の問題として考えてみるための材料を提供したいと思います。まず、今回の「食料危機」を振り返ってみましょう。

(1) 過去の経験則が通じない穀物高騰
　今回の食料危機からわれわれが何を学ぶかという観点から、図2-1、図2-2、図2-3、図2-4に穀物価格と在庫率との関係を、小麦、トウモロコシ、コメ、大豆について示しております。
　オーストラリアの干ばつ等で供給が減って、バイオ燃料事業等で需要が増え、需給が逼迫すると在庫が減ります。在庫が減れば価格が上がります。
　在庫が多いときは価格が低く、歴史的にはこの図のように、在庫率と価格との関係は、右下がりの線で近似できるのですけれども、2008年の点は、過去の経験則を示す線のはるか上方に飛び出してしまって

図2-1 小麦の国際価格と在庫率の関係
（1974 - 2008年）

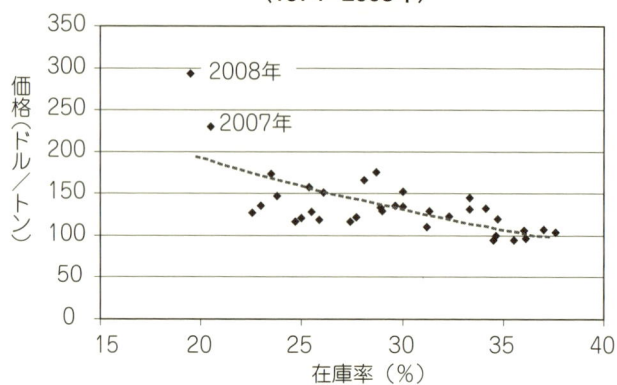

出所：在庫率はUSDA、価格はReuters Economic News Serviceによる。いずれも農林水産省食料安全保障課からの提供。
注：在庫率（＝期末在庫量／需要量）は、主要生産国毎の穀物年度末における在庫量の平均値を用いて算出しており、特定時点の世界の在庫率を示すものではない。価格は月別価格（第1金曜日セツルメント価格）の単純平均値である。木下順子コーネル大学客員研究員作成。

図2-2 トウモロコシの国際価格と在庫率の関係
（1974 - 2008年）

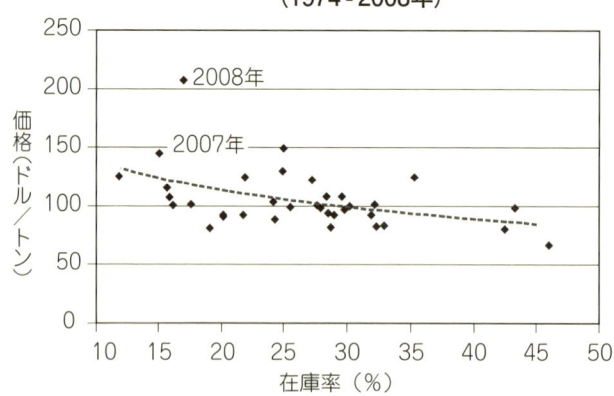

出所：図2-1と同じ。
注：図2-1と同じ。

図2-3 コメの国際価格と在庫率の関係
（1974 - 2008年）

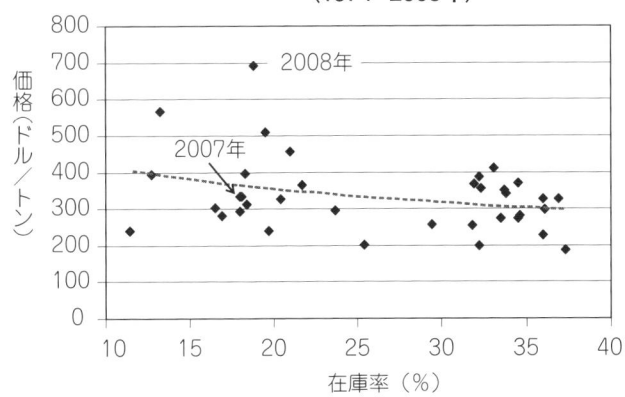

出所：在庫率はUSDA、価格はタイ国家貿易取引委員会による。いずれも農林水産省食料安全保障課からの提供。
注：在庫率（＝期末在庫量／需要量）は、主要生産国毎の穀物年度末における在庫量の平均値を用いて算出しており、特定時点の世界の在庫率を示すものではない。価格は月別価格（タイうるち精米2等価格）の単純平均値である。木下順子コーネル大学客員研究員作成。

図2-4 大豆の国際価格と在庫率の関係
（1974 - 2008年）

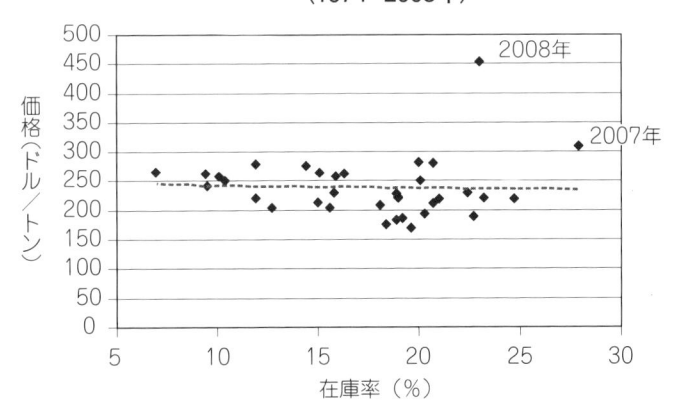

出所：図2-1と同じ。
注：図2-1と同じ。

います。今回の食料危機で起きた現象は、2008年の在庫水準は確かに低くなっていたけれども、在庫水準、つまり需給要因で説明できる価格水準をはるかに超えて価格が暴騰したということです。まさにこれがバブルの部分でございます。その原因は、投機マネーの流入という点も大きいわけです。

（2）簡単に行われる輸出規制の教訓

　しかし、このことからわれわれが一番教訓としなければならないのは、22カ国もの輸出国が、輸出規制をいとも簡単に行なったということではないと思います。コメが顕著でしたが、世界的に見ると、2006年よりも2007年、2008年の方が、トータルのコメの在庫量は増えているにもかかわらず、価格が4倍近くに暴騰したという現象が起きました。

　これは結局、生産国・輸出国が、トウモロコシや大豆や小麦の需給が逼迫して価格が上がってきたということで、その代わりにコメを使うという状況が起きて、これからコメが大変になると心配したものですから、外に売っている場合ではないと抱え込んでしまったということです。

　ですから、価格が高くて買えないどころか、ものがない、お金を出しても買えないという状況が起きたのです。そういう現象が起きて、世界的にはコメは充分あったのに、輸入に頼っている国々が悲鳴を上げたわけです。いろいろ報道されましたが、エルサルバドル、ハイチ、フィリピン、アフリカ諸国等、コメ不足で暴動が起きた国がたくさんありました。

　「WTOのルールに基づいて関税を下げて、非効率な穀物生産はやめて、基礎食料は米国等が安く売ってあげるから、君らはコーヒー等の

商品作物をつくって、それを売ったお金で買えばいいじゃないか」と米国等が言っていたのは間違いではないか、WTOというのは、ちょっと考え直したほうがいいのではないかという議論が出たわけです。

　日本はコメが余っているから、人ごとだと思っているかもしれませんが、このままいきますと、コメの生産もどんどん縮小してくるかもしれません。そうなると、次に危機が起きたときには、日本もエルサルバドルで起きたような状況が人ごとではないということも、念頭に置かなければいけないという気がいたします。

　WTOによる貿易自由化の進展により食料の生産・輸出国の偏在化が進んできていますので、どこかで何らかの需給変化をもたらすショックが起こったときに、それが国際価格に与える影響が大きく、その不安心理による輸出規制、高値期待による投機資金の流入が生じやすく、さらなる価格高騰が増幅されやすくなってきていることに注意が必要です。

（3）米国の世界食料戦略

　特に米国は、大変戦略的に穀物の生産を維持しており、コメについてもそうです。米国のコメ生産コストはタイやベトナムよりはるかに高いですから、まともに競争したらコメの輸入国になっているはずなのに、いまはコメ生産の半分以上を輸出できる輸出国になっています。

　それは、コメの価格を非常に安くして、売りさばけるようにしているのですが、コメ生産を担っている人達には、その差額を直接支払いで補填しております。そのせいで、米国では需要を上回るコメ生産が生じて、その余剰処理でもって世界の胃袋をコントロールするというわけです。米国は、コメだけではなく、穀物は武器であると考えています。その武器でもって、世界の胃袋をコントロールするということ

をやってまいりました。

　ところが、安く売り続けるには財政負担がいります。ずっとコメやほかの穀物の価格が安かったものですから、これは財政負担が大変だということで、ちょっと市場価格をつり上げたいと思ったわけです。中国がもっと輸入してくれるようになるかと思っていたら、これがなかなかうまくいかない。それで困り果てていたところに9.11事件があり、原油の高騰があり、不謹慎な言い方ですが、米国は「これだ」となったわけです。エネルギー自給率を大義名分にすることによって、トウモロコシ等をバイオ燃料にするということを打ち上げて、穀物全体を引き上げるきっかけにしたわけです。

　ですから米国は、自分が安く売ってやるから、皆さんはつくらなくていいと言っておいて、どんどん世界の生産をつぶしてきて、今度はちょっと低くなりすぎたから、つり上げてしまえということでつり上げて、買えなくしてしまったということです。まさに米国の勝手な利益追求で、世界の食料が振り回されているような状況だと言われても仕方ない面があります。

（4）畜産の餌は特に日本がその標的

　米国のウィスコンシン州立大学は、農家の子弟の方がたくさん来ておりますが、そこの教授の講義では、食料は武器と同じであるという話がされていたというのです。直接食べる食料だけではなくて、畜産物の餌も重要であり、特に、まず日本が標的で、畜産物が日本でできているように見えても、餌を全部米国から供給すれば、日本の食料を全部コントロールすることができるということで、「皆さんは、この米国の世界戦略のためにがんばってください」というような授業をやっていたということが、日本からの留学生を通じて紹介されている

ようです。

（5）WTOルールの弱点の露呈

　そういうなかで、各国の食料生産が大事だという議論が一度起きたわけですけれども、一方で、WTOの流れは止められていない、世界が不況から脱するためには、自由貿易だという議論も一方で出ており、なかなか整合性のとれない議論が並立しております。

　というのは、一生懸命国内生産を振興しても、関税がどんどん下がって外から安いものが入って来たら、つぶれてしまうわけですから、国内生産を振興するということと、WTOの原則でどんどん関税をゼロにするということは、どうやって整合性をとるのだろうかという点が、充分に議論されていないということです。

　それから、先述のとおり、米国はまさに攻撃的な保護といいますか、本来はコストが高いけれども、安い価格をつくり出すことによって、差額補填でどんどん世界に輸出を伸ばしてきたわけですので、これは日本とはまったく逆のかたちですが、攻撃的な保護だということになります。

　そういう意味で言うと、米国は自分の保護は残して、どんどん売りさばく手段を持っていて、さらに売りやすくするために、日本には関税を大幅削減しろと言っているわけですから、ある意味、非常に不公平な交渉を我々はやっているということも事実でございます。ですから、インド等が非常に反発して、こういう交渉を続けることはできないと言ったのは、そういう意味でも非常に理にかなっていることだと思います。

(6) 輸出規制は完全には止められない

　先ほど私は輸出規制が問題だと申し上げました。だったら輸出規制をやめてもらえばいいじゃないかという議論もございますが、輸出規制を完全に規制することは、なかなか難しいと思われます。なぜかと申しますと、輸出国も自国の国民が飢えることを避けなければいけないわけですから、自国の国民が飢えても日本に先に売ってくれる国が実際にあるとは思えません。ですから、輸出規制を完全に止めることはできません。

(7) 自国の国民の食料を守る権利

　そうであれば輸入に頼りがちな国も、同じように自国の国民の食料を守る権利があると、きちんと整理する必要があるのではないかということになりますが、そういう点で、ほかの先進国は今回のような不測の事態に備えて、食料生産を戦略的に確保し、自給率は100を超えて輸出国になるような状態です。米国もそうです。本来は輸入国になっている国が輸出国になっているという、そこまでして食料について戦略的に確保してきているという事実があります。それに対して、日本はどうだったのかという点が問われるかと思います。

(8) 消費者は冷たいか

　せっかく日本でも国内の食料生産が大事だと言われながら、今回の食料危機で餌の価格が上がったり、燃料が上がったり、肥料が上がったりしても、日本では生産物の価格がなかなか上がらなくて、農家の皆さんは大変困りました。まだ困っています。

　こういうときに、ほかの国では生産物の価格がかなり急上昇して、コスト高を吸収しましたが、日本ではこの現象がなかなか起こりませ

んでした。スーパーの取引交渉力が相対的に強すぎるという流通の問題もありますが、全般に日本の国民の皆さん、消費者の皆さんが、日本の農業、農村に対して冷たいといいますか、そういう感じを受けざるを得ません。

　これについては、日本農業・農村に対して誤った認識が形成されてしまっていることも、大きな原因の一つではないかと思います。これからさらに戦略的に、食料生産をきちんと確保していくということについて合意が得られるか。合意を得ながら、支援するところにはきちんと支援するということについて理解を求めるには、そのあたりの誤解も解いて、さらに、なぜ財政負担が必要かということについて、もっときちんと説明して理解し合うような状況が必要ではないかと思います。

5．日本の食料生産への支援の現実

（1）我が国の農産物関税が高いというのは誤り

　その意味で最初に確認したいのが、図3、表1です。よく、日本の農業は過保護であると、関税が高くて閉鎖的だと言われますが——農業鎖国と言われた首相もおられました——、これもよく考えてみると、だいぶ間違っている面があります。

　といいますのは、自給率がすでに41％ということは、国民の身体のエネルギーの6割は輸入に頼っているわけです。これだけ輸入食品があふれている国は世界にもほとんどない状況です。関税が高かったら入ってくるわけはないのですから、そういう意味では関税は低いに決まっているという側面があります。

　この点は、図3で見ていただきますと、関税率の平均の仕方にもいろいろあるわけですけれども、このようなデータのとり方ですと、日本の農産物の平均関税率は11.7％しかございません。米国より少し高いですが、EUの半分、南米の大輸出国のブラジル等の3分の1でございます。ですから平均的に見ると、日本の関税は高くありません。

（2）高いのは品目数で1割

　確かに、コメや乳製品など、一部のものについては高いわけですけれども、これは品目数で言うと1割しかありません。日本の関税構造は特殊で、野菜の3％というように、がたがたに低い部分が9割あって、残った1割の部分だけが高いという構造になっております。です

図3 主要国の農産物平均関税率
――我が国の農産物関税が高いというのは誤り――

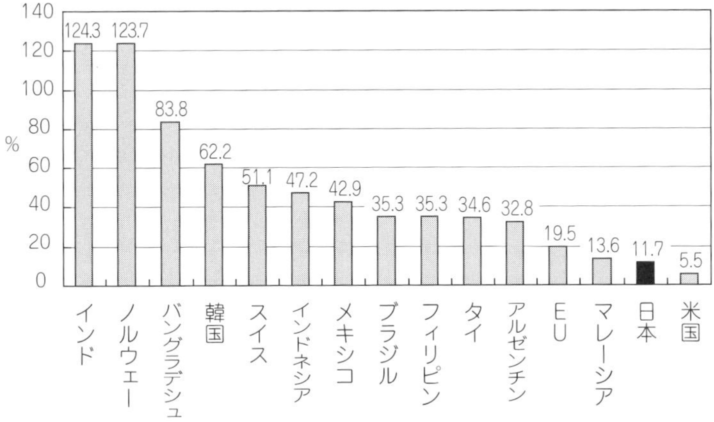

国	関税率(%)
インド	124.3
ノルウェー	123.7
バングラデシュ	83.8
韓国	62.2
スイス	51.1
インドネシア	47.2
メキシコ	42.9
ブラジル	35.3
フィリピン	35.3
タイ	34.6
アルゼンチン	32.8
EU	19.5
マレーシア	13.6
日本	11.7
米国	5.5

出所：OECD「Post-Uruguay Round Tariff Regimes」(1999)
注：1）タリフライン毎の関税率を用いてUR実施期間終了時（2000年）の平均関税率（貿易量を加味していない単純平均）を算出。
2）関税割当設定品目は枠外税率を適用。この場合、従量税については、各国がWTOに報告している1996年における各品目の輸入価格を用いて、従価税に換算。
3）日本のコメのように、1996年において輸入実績がない品目については、平均関税率の算出に含まれていない。

から、その1割の部分について言えば高いですけれども、逆に言えば、その1割の部分だけを何とかしてくださいと、けなげに言っている姿だと思います。

特に、その1割の部分というのが土地利用型農産物であったり、これだけは国民の皆さんに国産で何とか供給したいといった重要な品目です。土地利用型というのは土地をたくさん使いますから、日本のような国土の狭いところでは、なかなかまともに海外の農業と競争できないという事情で、そういうものだけが高関税で残っているというのが実態です。

関税が低いとしても、国内の補助金が多いのではないかという議論

もありますけれども、補助金が多くて過保護なら、農家は儲かってしょうがないはずですから、後継者が育ち、食料生産はもっと元気なはずですから、国内補助金も少ないに違いないということになろうかと思います。

（3）我が国農業の国内保護が大きいというのは誤り

　表1を見ていただきますとわかりますように、たしかにWTOに通報している国内保護額というのは、日本が総額で6,400億円に対して、米国は1兆8,000億円、EUが4兆円ですから、日本の国内保護額は総額で見てもかなり少ないのです。しかも、米国の1兆8,000億円というのは過少申告の数字で、実は3兆円以上あります。自己申告制であることを利用して、国際機関への登録を過少に申告しているのです。

　欧米で日本のコメに匹敵するのは牛乳・乳製品、酪農だと言われていまして、米国の保護額の7割を酪農が占めているのですけれども、それを4割しか申告していないのです。そこまでしても、米国は酪農を守ろうとしているということでもあります。なかなか複雑な制度なので、普通はわからないのですが、私は酪農の研究から始めまして、米国の酪農政策についても自称専門家なものですから、世界の目はごまかせても、私の目はごまかせません。すぐにわかりました。

　私の指摘に対して、米国の農務省は、あっさり過少申告を認めましたが、「日本にも非はあろうから人のことは言わないほうがよいのでは」との返答がありました。日本はまじめで優秀な方々が交渉してくださっていますが、それだけに、相手を責めて、責め返されたときにどうしようかと悩む「藪蛇論」が日本に強いのを、米国はよく知っています。

　ただし、むしろ、自国の非を棚に上げて相手国を激しく非難するこ

表1　日米欧の国内保護比較
――我が国農業の国内保護額が大きいというのは誤り――

	削減対象の国内保護総額	農業生産額に対する割合
日本	6,418億円	7％
米国	17,516億円	7％
EU	40,428億円	12％

資料：農林水産省HP。

とが、国際交渉では常に行われています。米国は、幼少からのディベート教育で黒を白と言いくるめる技術に長け、また、そういった能力が高く評価されるエキスパートなのです。そうした中で、我が身に非があれば相手を攻撃してはならないと考えていては、主張を通す機会はほとんどなくなってしまいます。

(4) 食料品の内外価格差を保護の結果というのは誤り

　もう一つ、表2も見ていただきたいのですが、パリに本部があるOECD（経済協力開発機構）が出している日本の農業保護額は、先ほどの数字と違って、ここには総額が書いてありませんが、5兆円ぐらいあるという数字があります。これは内外価格差に基づく保護額ということになっているのですが、だいぶおかしいということがあります。

　なぜかというと、例えば、松阪牛はビールを飲ませて霜降りをつくっています。あの霜降りのお肉と、オーストラリアで、草で育った、失礼な言い方をお許しいただいて、硬い赤みのお肉と、値段が同じだったら困ります。必ず値段の差があると思います。

　けれども、この値段の差は、日本が何か悪いことをしているから高いわけではありません。これは消費者の評価の差です。それが国際的には通用しない。オーストラリアから運んでくる輸送費と、港でかかる関税で説明できない価格差が残ったら、それは非関税障壁ということこ

表2 コメ、乳製品を除外した日本のPSE構成（2003年）
——食料品の内外価格差が保護の結果というのは誤り——

	金額（10億円）	構成比（％）
PSE総額	2,252	100.0
MPS（市場価格支持）	2,160	95.9
―関税部分	1,266	56.2
―国産プレミアム部分	893	39.7
財政支出	93	4.1
農業総生産額	6,082	100.0
計算対象品目の生産額	3,072	50.5

資料：安達英彦・鈴木宣弘試算。

とで全部日本が悪い、保護しているのだということで、保護額に全部入ってしまうのです。

　ですから、食料品の内外価格差というのは、本当に気をつけて比べないと、モノが違う場合が多いわけです。

（5）国産プレミアムが保護額に含まれている

　日本の場合は特にそうです。日本の消費者の皆さんは、味に関して非常に感度が高いわけですから、そういう皆さんにいいものを提供するために、農業者の皆さんが努力してつくった評価の差を「国産プレミアム」と呼んでいます。しかし、その部分が国際的にはほとんど保護額に入ってしまっていて、PSEというこの数字が、日本の保護が悪いというときに、世界的にも国内でも大変使われて、一人歩きしている数字になっているということがあります。

　要するに、味に対する感度の差もあり、ビーフはビーフ、ねぎはねぎ、ライスはライスというかたちになってしまうものですから、その部分がなかなか理解されないという悩みがあります。けれども、そういう国々が世界のルールをリードしているわけですので、日本として

は非常に苦しいところです。

　しかし、このために、関税も低く、国内の価格支持も率先して廃止してきたのに、保護の96％もを市場価格支持に依存して5兆円もの保護を日本が温存しているという国際的な農業保護指標（PSE）が一人歩きしてしまっているわけです。表2のとおり、高関税のコメおよび乳製品の2品目を除外すると、PSEの約56％が関税、約40％が国産プレミアムとなり、つまり、しばしば、我が国は価格支持（MPS）からの脱却において、EUに遅れをとったと言われますが、実質的なMPS比率はEUの約56％と同程度とも言えるのです。データの取り方の問題をきちんと指摘して、こうした誤解を解いていく必要がありましょう。

6．欧米輸出国の戦略的食料政策

（1）米国のコメが世界に売られていく仕組み

　米国の食料生産への支援の仕組みは、ある意味、非常に優れた制度で、**図4**を見ていただくとわかります。先ほど言いました米国のコメが、本来なら輸入国なのに、どんどん世界に売られていくシステムがこれです。

　これは日本の米価格で例示していますけれども、実は米国のコメは、1俵4,000円ぐらいの非常に安い価格で売られております。ところが、売っている価格は安いのですが、農家には目標価格というのがあって、1俵18,000円ぐらい。これは例示ですけれども、この差額は生産者の皆さんにちゃんと補填されるシステムになっています。直接支払いの一種です。

　しかも3段階になっていまして、米国政府が質屋さんをやっていまして、コメを1俵預けると、米国政府が12,000円貸してくれます。これは質流れしてしまってもいいし、これを出してきて売ってもいいのですが、最近は出してきて売ってください、けれども国際価格水準の4,000円で売ったら、4,000円だけ返してください、残りの8,000円は返さなくていいと。つまり8,000円の借金棒引きの世界で、12,000円が丸々入るようになっています。

　それから、日本でも「ゲタ」とか言われている、麦や大豆に払われているような固定的な直接支払いの部分が2,000円ぐらい乗ります。これでも14,000円ですから、目標価格の18,000円にはまだ足りないと。

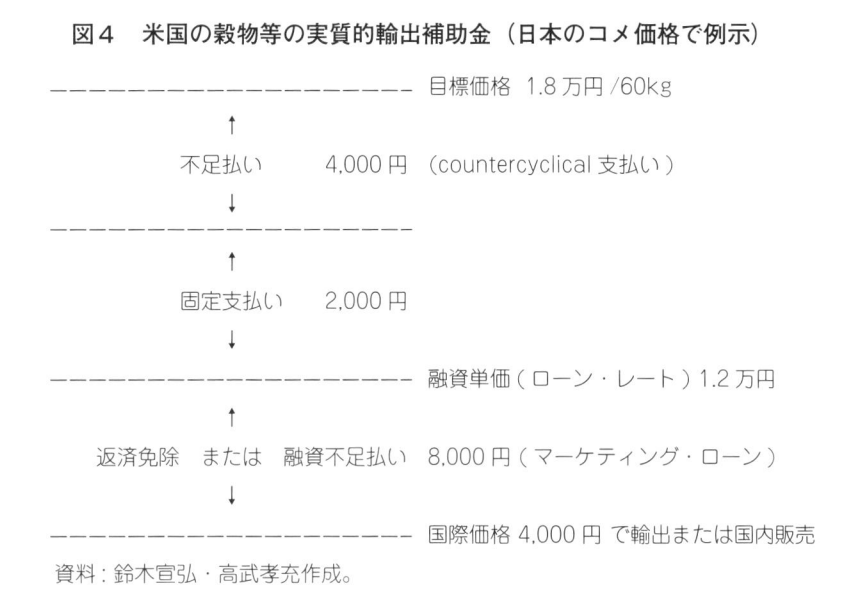

図4　米国の穀物等の実質的輸出補助金（日本のコメ価格で例示）

```
――――――――――――――――  目標価格 1.8万円/60kg
            ↑
   不足払い      4,000円  （countercyclical 支払い）
            ↓
――――――――――――――――
            ↑
   固定支払い    2,000円
            ↓
――――――――――――――――  融資単価（ローン・レート）1.2万円
            ↑
  返済免除 または 融資不足払い  8,000円（マーケティング・ローン）
            ↓
――――――――――――――――  国際価格 4,000円 で輸出または国内販売
```
資料：鈴木宣弘・高武孝充作成。

この場合は4,000円足りないから、これは不足分だから不足払いということで払いますと、結局何だかんだ言って4,000円と18,000円との差額を全部払ってくれる。これが米国のシステムです。

これはコメだけではございません。小麦も大豆も綿花もトウモロコシも、すべてこのシステムで、つくって、つくって、安く売って、売って、生産者はどんどん生産するというシステムです。これで世界をコントロールするというシステムができあがっています。

（2）輸出国は輸出補助金を温存している

しかも、これは明らかに輸出向けの分については、輸出補助金なのだから全部やめなければいけないかというと、全然おとがめなしなのです。WTOでは、輸出国は2013年までに輸出補助金を全部やめるから、日本は関税を大幅削減しろと言われているのですが、これは実は嘘で、

輸出国はたくさんの輸出補助金を温存しております。

米国のような制度もそうでして、図5で言いますと、普通の輸出補助金というのは薄いAの四角形の部分です。この図では、国内では100円で売って、海外には50円で売るけれども、輸出向けについてはその差額を、あとで生産者の皆さんか輸出業者の皆さんに政府が補填しますというもので、これがやめなければいけない輸出補助金です。

国内も輸出向けも50円で、100円との差額を全部あとで払うという制度ですので、A＋Bを払うわけです。A＋Bを払うと、おとがめなしになります。なぜかというと、法律上、輸出補助金というのは、輸出を特定した支払いが輸出補助金だから、A＋Bに払えば輸出を特定していない。国内も含めて全部払っているから、これはOKなのです。ですから、米国はこの制度を全然やめないで、基本的には輸出補助金としては温存できるということです。こういう攻撃的な保護によりまして、米国はどんどん増産して売りさばくことができるのです。

さらにいえば、オーストラリアが使っている輸出補助金ですが、これは何と日本の消費者が輸出補助金を払ってあげています。どういうことかというと、さぬきうどんになるASW（オーストラリア産の小麦）を日本は非常に高く（図5の150円で）買っているのに、韓国では同じものをすごく安く（図5の50円で）売っています。ダンピングをやっているわけです。国際市場間でのダンピングをやっていて、日本の消費者が負担した部分で、生産者には100円の平均価格が支払われる。オーストラリア政府はAの部分の輸出補助金を払わないけれども、日本の皆さんが負担した図5のCの黒い四角形が、それを埋めているわけです。

これは、消費者負担型の輸出補助金で、同じタイプの輸出補助金をカナダは認めてやめることにしたのですが、独占小麦輸出ボードは民

図5 様々な輸出補助金の形態と輸出補助金相当額（ESE）

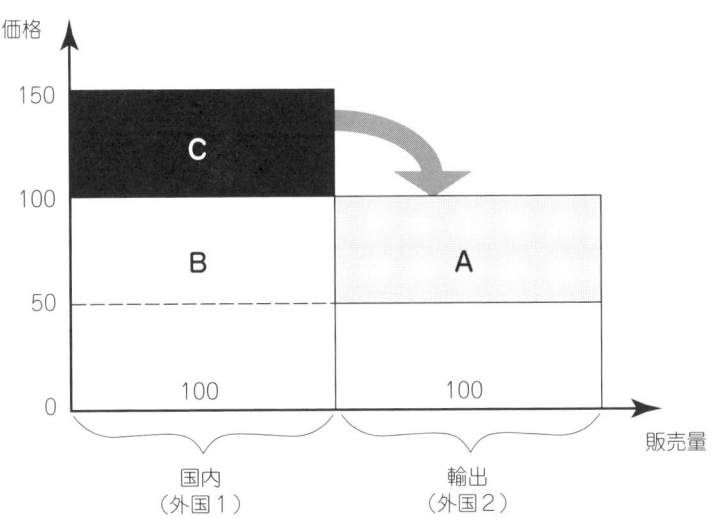

```
価格
 ↑
150 ┌─────────────┐
    │      C      │
100 ├─────────────┼─────────────┐
    │      B      │      A      │
 50 ├─────────────┼─────────────┤
    │             │             │
  0 └─────────────┴─────────────┴→ 販売量
        100           100
        国内          輸出
       （外国1）     （外国2）
```

A　＝撤廃対象の「通常の」輸出補助金（政府＝納税者負担）
A＋B＝米国の穀物、大豆、綿花（全販売への直接支払い）
B＋C＝EUの砂糖（国内販売のみへの直接支払い）
C　＝カナダの乳製品、豪州の小麦、NZの乳製品等
　　　（国内販売または一部輸出の価格つり上げ、消費者負担）
いずれも輸出補助金相当額（ESE）＝5,000。

資料：木下順子・鈴木宣弘「輸出国家貿易による「隠れた」輸出補助金効果について－
　　　その経済学的解釈と数量化手法の提案－」、『農林水産政策研究所レビュー』
　　　No.3、2002年、pp.18-27、参照。

営化したのでデータがないと言って、データの提出を拒否してまで、最後まで認めなかったのがオーストラリアで、それで通ってしまっているのが世界の現実です。逆に言えば、そこまでして、世界の食料輸出国といわれる国々が、自国の食料生産に徹底した支援をして100％を超える自給率を達成し、輸出国になっているということです。

（3）輸出信用という米国の優れたシステム

　なお、米国の輸出補助金については、**図5でA＋BのAの部分**にあたる輸出補助金額が、米国ではコメとトウモロコシと大豆の3品目だけで、多い年は4,000億円に達しております。

　それから米国には、ここには出ていない輸出信用という優れたシステムがございまして、これは、例えば、穀物メジャーのカーギルがソマリアにコメを売ったりするときに使う制度と考えてみるとわかりやすいです。コメをソマリアに売ると、ソマリアはお金がないから絶対に払えません。けれども、ローンを組んで売ります。ローンは必ず焦げ付きます。焦げ付くけれども、保証人は誰か。当然、米国政府なのです。米国政府が結局カーギルに払ってくれる。このような形で4,000億円使っています。

　食料援助も1,200億円ぐらい使っていますが、食料援助というのは見方を変えれば究極の輸出補助金、輸出価格をゼロにした全額補助だと考えれば、ほかにもいろいろありますが、これらを足しただけでも、米国はコメなどの数品目だけで、約1兆円の実質的な輸出補助金を使っているわけです。戦略的に穀物を処分するはけ口としてです。これは大変な額でございます。

　我が国は、価格が高いが品質がよいことを武器に、輸出補助金ゼロで農産物輸出振興を図るとしていますが、米国は、価格は元々日本より安いのに、さらに莫大な輸出補助金を使って世界に売りさばいているのですから、この点でも、日本の農産物輸出振興はなかなか前途多難だということがわかります。

　米国のブッシュ前大統領は、戦略物資としての食料の生産をしっかりと維持して自給率を保つということは、セキュリティーの問題だということを強く認識していました。外向けにはそんなことを全然言い

ませんから、日本では、米国というのは食料安全保障なんて全然考えていない国だとよく言われますが、それは間違いで、先ほど言ったように、毎年有り余るほどの食料ができるような装置を常に持っているわけですから、外向けに自給率の話をする必要がないわけです。

けれども内向きには、食料生産に携わっている皆さんに、「皆さんのおかげで、米国はこれだけのセキュリティーが保たれている。何とありがたいことか」というお礼を盛んに言っておりました。それと必ず付け足して言うのが、「皆さん、食料自給できない国を想像できますか。それは国際的圧力の危険にさらされている国ですよね」というように、どこかの国を皮肉るようなことを必ず付け加えております。このような状況であります。

（4）日本のコメとは対照的なシステム

日本のコメにつきましては、値段を維持するために生産を調整し、だんだん閉塞感が満ちてきたという、まったく対照的なシステムをとっているということがわかりました。米国の制度は、ある意味すぐれたシステムです。

日本の自給率がなぜ下がったのかということをよく考えてみますと、過保護だから自給率が下がったのではなくて、関税も下げてきたし、国内の支援も減らしてきたから下がったということです。

それに対して、輸出国の中のかなりの国々は、競争力があるから輸出国なのではなくて、支援がなければ米国も輸入国なわけです。そういう国が戦略的な支援によって輸出国になっているのですから、競争力があって自給率が高まっているのが輸出国だというのは間違いで、むしろ世間で言われていることは、ちょうど逆だと考えたほうが、わかりやすいというのが現実です。

（5）農業所得に占める各国政府からの支払いは大きい

　そのあたりを集約的にあらわした資料として、表3を見て頂きたいのですが、日本の農家の農業所得に占める政府からの支援の割合というのは、平均的には15.6％しかありません。これに対して、あの農業大国の米国、500haもの経営をやっている米国では、コメで6割です。小麦でも6割を超えています。農業所得の6割前後が政府からの支払いで占めているわけです。米国は、先述のとおり、市場価格との差額を補填しております。

　ヨーロッパにいたっては、これが9割を超えているわけです。「なんだそれは、ちょっとおかしいのではないか」と思われるかもしれませんが、これが世界の実態です。日本では、一般の人々は、日本が9割で、米国が1割ではないかと思われるかもしれませんが、実態は逆なわけです。

　こういうデータに対しては、いや、日本は価格を政府が支える価格支持政策がたくさんあり、価格を支えているのだから直接支払いが少ないのでしょうと言われる方がいますが、そんなことはない、日本の価格支持は、国境における関税による価格支持も、国内の価格支持も少ないことは、すでに述べたとおりです。消費者の国産に対する評価である内外価格差、「国産プレミアム」が非関税

表3　農業所得に占める直接支払いの割合（％）

国名	割合
日本	15.6
アメリカ	26.4
小麦	62.4
トウモロコシ	44.1
大豆	47.9
コメ	58.2
フランス	90.2
イギリス	95.2
スイス	94.5

資料：エコノミスト2008年7月22日号等。
注：我が国のコメにおいても顕著なように、市場価格が下がり、所得がほぼゼロかマイナスになっている経営では、わずかな政府支払いの支給であっても、所得の100％が政府支払いに依存していることになるので、所得に対する政府支払いの割合という指標には注意が必要である。

障壁という価格支持政策として保護とみなされることで、日本の価格支持額が過大に計上されている問題も、すでに見たとおりです。

　スイスでは、農業所得のほぼ100％が政府からの支援で経営が成り立っているということです。2007年に私が訪ねた農家でも、その1戸だけで直接支払いが1,500万円で、そのうち1,000万円は政府が支持価格を下げてきた補填として出ています。ヨーロッパは環境や生物多様性、動物愛護、景観、国土保全等を根拠にして、直接支払いがきめ細かに出ています。例えば養豚農家では、豚の食べるところと寝るところを別にし、自由に外で走り回れるようにしておけば230万円出ます、また、生物多様性が高められるような草地の管理をすれば170万円、牧草地に木を残すことで美しい景観が維持されることにもお金が出るという具合です。景観や環境への農業の貢献を根拠にした支援が充実しています。

　よく、欧米は政府による価格支持をやめて直接支払いに変えていると言われていますが、これは間違いだと思います。価格支持も残しています。その価格支持を低くして、その損失部分を直接支払いに置き換えているのです。本当に政府の買い取り価格や支持価格をやめたのは、世界中で日本だけだと言ってもよいくらいです。最低限のセイフティ・ネットの下支えをやめて、他のシステムで補填しようとしてきましたが、その効果が不十分なうちにどんどん価格が下がり、農家が疲弊してきたのが、ある意味、日本の特徴とも言えましょう。

　そういう意味で、日本の食料生産部門、農業、農村が過保護であるという認識については、相当改めておく必要があるのではないかというのが一つの大きな視点で、まず確認したかった点です。

7．食料をめぐる国際交渉の現実

（1）日豪、日米、日欧EPAをどうするか

　しからば、日本でもう少し自給率を上げることができるかということですが、このままでは自給率を上げることは、なかなか難しい流れがあるということを考えておかなければなりません。あとで触れますように、WTOにおいて、世界全体の多国間の関税削減交渉がいまのままで決まっただけでも、相当な影響が出る可能性もあります。

　WTO交渉が仮に進展しないとしても、2国間の自由貿易協定で、いまオーストラリアと政府間交渉をしていますが、これが、仮に例外なしの関税撤廃で成立しただけで自給率が10ポイント下がり、41％が30％程度になるという試算もあります。

　それから、米国とEUとの自由貿易協定も是非ともやりたいというのが、日本の経済界を中心とした強い意思です。韓国と米国が自由貿易協定を政府間で合意しました。それでヒュンダイ（現代）自動車はゼロ関税で輸出できるのに、日本のトヨタ等は関税がかかることは、日本としては許されないので、米国との自由貿易協定は、日本も絶対にやらなければいけないという論理です。EUともそうです。

　けれども米国は、コメも含めて全部やってもらわないと、日本とはメリットがないと言っていますし、そういうかたちで米国やEUという農業大国との自由貿易協定を、オーストラリアに続いて本当にやるのであれば、世界全体に貿易自由化するのとあまり変わらない事態になり、最悪の場合は自給率12％という試算があります。

われわれは、40→50を目標だと言いながら、40→30→12という流れを止めてはいないわけですので、そういう流れのなかで日本の食料生産をどうするのか。自給率が12％というのは、地域にはペンペン草しか生えていないというような状況かと思いますが、そういうなかで、輸出がまだ伸びて何とかなる、世界から安くて安全な食料を常に買えると見込んで突き進むのが、将来の日本社会・国土の持続的発展の姿なのか、それで国民の食は大丈夫なのか、これまで貿易立国として食料自給率の低下は容認してきましたが、いよいよ、ここで少々考え直し、そういう状況に耐えられる政策なりを、みんなで考えるのかどうか、という重大な岐路に立たされているような気がします。

（2）WTO交渉の内容の情報が不足

　WTO交渉についても、WTOの議論が、いま具体的にどのようになっているかという点については、検討しておくべきでしょうが、なかなか情報が十分に出されていないため、一般の国民にはよくわからないという問題があります。

　この間、ある生協の理事長の方から、「日本の国民・消費者はなんとか食料のことを一緒に考えて、今回のWTOが、もしこのまま決まったら、それがどういう影響が生産地に起きて、それで食生活にどういう影響があるのか。そういう議論ができる情報が十分にないと。新聞に重要品目8％だ、4％だとか、書いてあるけれど、何の事かさっぱりわからない。これでは国民として、消費者として、議論もできないし、どう行動していいかわからない」と言われて、確かにそうだなと思いました。交渉ごとで言えないという面もあるにせよ、それではすまされないことだと思います。

（3）WTOでの日本の交渉力

　そこで、まず、WTO交渉で、日本が蚊帳の外に置かれがちな苦しい立場を説明しておきましょう。重要品目というのは、関税削減を緩めることができる品目のことで、日本では品目数の1割程度の高関税品目がありますから、全体の品目数に対する割合として、日本の所属する10カ国の輸入国グループ（G10）の案として、最初10〜15%を提示しました。EU、米国、ブラジルの案もまとめて示すと、

日本（G10）　　10〜15%
EU　　　　　　8%（ただし、米EUの話し合いで、4〜5%まで譲歩済み）
米国　　　　　　1%
ブラジル　　　　1%

という状況だったのですが、合意をまとめる議長が、「中をとって決めよう」と言って提示したのが1〜5だったのですが、どう見ても、これは中をとっておらず、10〜15は蚊帳の外だったわけです。

　こんなことでは日本はもたないということで、日本が一生懸命交渉して、8%で何とかなるというところまで落ち着いてきましたので、2008年の7月にジュネーブに行ったら、「やはり4だ」ということになってきて、8を譲っていないと農業関係サイドは言っているにもかかわらず、日本としては、ずるずると「4でしかたないかな」という流れを受け入れたかのようになりました。

　日本の交渉力はこれでいいのかが問題になります。結局、最後には日本は言うことを聞くのだと思われたとすれば、「放っておいてもいい国」になってしまいかねません。これは日本の食料だけの問題ではなく、日本の外交交渉のあり方を問われる重大な問題だと思います。

(4) ミニマム・アクセス米について

　次に、現行の案で、仮にWTOが合意した場合の問題として、まず、コメの問題があります。ミニマム・アクセス米という、事故米の原因にもなったし、なぜ世界的なコメ不足のときに無理に日本が輸入するのかとも言われたものですが、これは、いま77万トンの輸入で処理に困っていますが、コメを重要品目にすると、関税削減を緩和できる代償措置として、ミニマム・アクセス枠が124万トンくらいになります。77万トンでも処理しきれないのが124万トンになったら、どうやって処理するのかということです。

　コメは政府が輸入を行う国家貿易だということを理由に、枠の全量を入れているわけですが、WTO規程上は、低関税またはゼロ関税の輸入枠をつくっておくことしか指示されていません。つまり、規程上は最低輸入義務ではないのですが、日本では国家貿易であるから履行するということの解釈で、全量を入れています。それに従えば、国家貿易をやめれば枠を全部満たさなくてもよいのではないかということで、民間に輸入してもらえばいいのではないかという選択肢もあります。けれども、民間に輸入してもらうことにすれば、レストランなどを含めて加工用だけでなく、輸入米の価格が国産の主食米の価格に相当影響してきます。

(5) コメを一般品目にしたら

　そうすると今度は、コメは重要品目でなく一般品目にして70％の関税削減を受け入れたらどうかという案も出てきます。そうしますと、関税は１俵あたり6,000円ぐらいになり、中国から3,000円ぐらいで、それなりのいいコメが入ってくるとしますと、9,000円ぐらいの米価と競争するかという議論になりますので、これも大変だと、そうした

ら最低限12,000円との差額を補填するかということにすると、それだけでもだいたい5,000億円弱の財政負担がかかるという議論になります。

　ですから、コメについても、これは交渉ごとだから、なかなか具体的には言いづらいところかもしれませんが、こういう状況を抱えているということでございます。そのまま放っておけばこういう影響があり、現状を守るためには、直接支払いで5,000億円弱のお金がかかるのですが、どちらにしますかということを、国民全体で議論し、日本の国益をどこに置くかを判断しないといけない問題かと思います。

（6）WTOが今のまま決まれば自給率は？
　さらには、関税削減を緩めることができる重要品目に入れられる品目数が絞られますと、そこからはみ出す畜産物や砂糖、でんぷんに大幅な関税削減の影響がでます。例えば、牛肉の関税は、いずれにしても38.5％から22.5％にはなりますが、豚肉の差額関税という制度も実質136％程度の関税に相当しますから、これが70％削減され、南九州や沖縄のサトウキビ、甘藷とか、北海道のサトウダイコン（ビート）とかバレイショとか、地域的に非常に重要な品目が、70％削減という大きな関税削減になる可能性もあります。そうなると地域経済が相当な打撃を受けますし、全体としての食料自給率もかなり下がる可能性があります。

（7）国民全体で国益を議論
　そういう状況を踏まえて、現行案を拒否するのか、受け入れて損失を補填する直接支払いを行うのか、そのときの財政負担はかなりになるが、それを行うか、というような議論が出てくるわけですね。この

あたりについては、できる限り情報を共有しながら、日本として、それを前提としてこの交渉をまとめるのか、最後の1国になっても、インドや米国のように「日本はノーだ」と言うのか。WTOというのは全会一致ですから、日本がノーと言えば決まりません。農業関係者は重要品目の数は8％必要だと言っているけれども、新聞では4プラス2で決まったようにも書かれているし、日本の方針さえ、まとまっていないかのような状態になっています。

 それが定まったとしても、もう一つ問題があります。インドは、途上国の代表として、最後の一国になっても、これ以上の輸入増加は受け入れられないと言う姿勢を貫きました。米国は自分の国益が世界のルールにならない限り、絶対にイエスとは言いません。それはどうかという面もありますが、そこまでして、各国が国益のために断固たる態度をとっているときに、日本の代表は、「日本のせいで交渉がまとまらなかったと言われたくない」という議論がよく出てきますが、これでは国益は守れません。

 よく、「WTO交渉の行方は?」との質問に、「わからない」と応える関係者が日本では多いですが、これは、ある意味、問題です。「日本がどうするか」で交渉の行方は、ある程度左右できるのですから、そういう主体性を持つことが必要でしょう。

8．生き残れる食料生産とは

（1）同じ土俵では戦えない

　競争して勝てばいいのだ、それで自給率が上がってこそ本物だと、よく言われるのですが、そういう方々に見ていただきたい写真があります。オーストラリアに行かれた方はわかると思いますけれども、これで1面1区画が100haです。オーストラリアの平均耕地面積は3,400haとか言われますが、そんなものではありません。われわれが比べなければいけないのは、西オーストラリアの穀倉地帯でありまして、そこでは、私が訪ねた5,800haの農家でも平均より少し大きいだけです。適正規模はと聞きましたら、1万haだと言っていました。

西オーストラリアの小麦農家―この1区画で100ha

しかも、労働力は本人、父、叔父の３人ですが、お父さんは「長期バケーション中」ということで、旅行が好きでほとんどいらっしゃらないということで、これをほとんど二人でやっているわけです。いくら「がんばって強くなって勝て」と言われても、これはちょっと別世界です。

（２）日本にとって「強い農業」とは？

もちろんコストダウンを可能な限りやることで、限られた土地条件のなかでも、日本の生産者が消費者に食料を安く提供する努力はしなければいけません。しかし、結局安いものが入ってきたときには、まず最初に規模拡大でコストダウンだけやっている人がつぶれてしまう。日本の場合、いくら強い農業といいましても、先ほどのオーストラリアの１面100haではありませんが、コスト削減で勝てるわけではありません。同じ土俵で価格競争をしても無理です。それを否定するわけではないのですが、そういう意味で言うと、高くても消費者が支えてくれるようなものをつくらなければいけない。

（３）スイスが自由貿易協定で負けない理由

そういう意味で、スイスで聞いてきて、なるほどと思ったのは、スイスは日本と同じように、コストが高いわけですが、今度スイスはEUの国々と自由貿易協定をやるのですけれども、絶対に負けないというのです。３割も４割もコストも高くて価格も高いけれども、負けないというのです。

なぜかというと、ナチュラルとかオーガニックとか、アニマルウェルフェア（動物福祉）、バイオダイバーシティ（生物多様性）、さらには景観などが非常に重視されています。動物愛護をきちんとやって、

生物多様性をきちんと守る。美しい景色のなかで生産する。そのあたりの部分を徹底すると、それを国民が評価してくれて、あるいはそれが生産物のよさにもつながるわけだから、そういうかたちで生産過程も含めて徹底的にいいものを供給すれば、「高くてもあなたのものが買いたい」という関係ができる。ほかのヨーロッパ諸国がまねをしてきたら、さらにその上を行けばいいということで、それを徹底している。だから絶対に負けないのだというのです。

（4）スイスの消費者意識の高さ

　日本の消費者は価値観が貧困だと嘆くのは間違いです。スイスの消費者の意識が高いというのは、生産サイドが、JAや生協と協力して、生産過程を含めた誠意ある取組で生まれる「農の価値」を生産物に語らせて、消費者に伝えているからです。それは、小手先のマーケティングではなく、一生懸命本物を届ける生き方そのものです。それによって、生産サイドと消費者サイドが一緒になって、「農の価値」を共有するようなことを、よくやってきているということです。

　私もスイスに行って驚いたのですが、スイスの卵は1個60円も80円もするのです。輸入ものは20円ぐらいで3倍も4倍も違うのですが、国産がどんどん売れているのです。「なぜこれを買うの」と聞いたら、「これを買うことで農家の皆さんの生活が支えられ、それによって自分たちの生活が支えられているのだから当たり前でしょ」と小学生の女の子が答えたといいますから、国民の意識の高さに驚きます。そもそも、スイスでは、1991年からケージ飼いが禁止されていて、ニワトリは外を走り回って卵を産んでいるのがあたりまえ、これが本物だというわけです。輸入ものは安くても偽物かもしれないから、それは買いませんという意識が、自然に定着しているということです。

9．直接支払いの根拠

（1）直接支払いの充実が必要

　ただ、それとともに価格に反映できない部分は、直接支払いでどうやってきちんと支えていくかという部分を充実していかない限り、やはり成り立たない。先述のとおり、いくら高く売っても生産コストも高いものですから、十分な所得が形成されないのです。このため、所得の95％が直接支払いで占められているという状態に、スイスではなっています。それだけ直接支払いのほうも充実していますので、その点については、日本もこれを充実しなければいけないだろうというわけです。

　欧米諸国は直接支払いを充実することによって、農業生産を維持できるようなかたちの制度を、どんどん充実しております。日本は世界に先駆けて、政府の価格は全部やめてしまったわけですけれども、その部分で直接支払い的な部分の充実というのが、むしろ不安定なままに来ていますので、価格がどこまで下がるかわからないような状況になっています。

　欧米の場合、実は政府の価格支持もやめていないのです。価格支持をやめて直接支払いになったというのは間違いで、価格支持の支持価格を下げている。ですから、ヨーロッパも介入価格があり、米国も先述のように、ある価格になると政府が買い上げてしまいます。そのうえで、その価格水準を下げてきた分を、どんどん直接支払いに置き換えて充実してきた。そのときの理由づけが必要ですから、国民に

きちんと理解してもらって、なるほど、これならばわかるという理由づけを、どんどん拡充してきたわけです。

ですから、「日本の国民は価値観が貧困だ」と言って嘆く前に、そのようなかたちで、いろいろな指標できちんと共有できるような努力を急がないといけないということがあろうかと思います。

(2) 国民が共有できる指標が重要

こういうことも含めて、みんなで農業についての正しい情報と食料生産の役割について認識を共有しなければなりません。生産者はこれまで、こうしたことを十分に説明し、説得の材料を出してこなかったのではという気がしています。多面的機能というのもわかりづらく、保護の言い訳と思われていたのではないでしょうか。我々は一生懸命、多面的機能があると言ってきましたけれども、普通の方に聞くと、「あれ念仏みたいに言っているけれども、保護の言い訳でしょ。」としか、言わないですよ。伝わっていないです。これはヨーロッパとは全然違うわけですよね。だから、何が多面的機能かについてもっと具体的にわかるようにしていかないと、私達は、高くても買い支えてねということも、あるいは価格に反映できていない価値をちゃんと財政で負担するとか、そういうふうな生産過程を維持できるように、そこにお金が必要だということについて、なかなか理解が得られないわけです。

多面的機能とはどういうことか。農業が、食料の確保はもちろんですが、いかに国土・環境を支え、地域を支えているのか、わかってもらう具体的な資料が必要だと考えています。そのために、窒素の循環を考えてみます。最近、食品の安全性の問題がいろいろ挙げられていますが、農産物に窒素が多いと赤ちゃんの窒息死の原因などにもなります。

(3) 窒素循環の話が説明材料になる

　農業は本来、循環的で非常に環境にやさしい産業なのですが、日本の耕地面積が500万haを切って循環機能が縮小し、海外に1,250万haの土地を借りているような状態で、輸入飼料を中心に、日本の農地で循環しきれない栄養分が大量に流入しています。その比率は、**表4**の右下にあるように、農地の受け入れ限界の1.9倍なのです。**表5**にありますように、日本人の窒素摂取量は過剰で、世界保健機関の許容摂取量に対して、乳幼児で2.2倍、小中学生で1.6倍、20～64歳で1.3倍にもなっています。**表6**にありますように、水も7％近くの井戸水は飲んではいけない数値になっていますが、パニックになるので公表はされていません。

表4　我が国の食料に関連する窒素需給の変遷

			1982	1997
日本のフードシステムへの窒素流入	輸入食・飼料	千トン	847	1,212
	国内生産食・飼料	千トン	633	510
	流入計	千トン	1,480	1,722
日本のフードシステムからの窒素流出	輸出	千トン	27	9
日本の環境への窒素供給	輸入食・飼料	千トン	10	33
	国内生産食・飼料	千トン	40	41
	食生活	千トン	579	643
	加工業	千トン	130	154
	畜産業	千トン	712	802
	穀類保管	千トン	3	3
	小計	千トン	1,474	1,676
	化学肥料	千トン	683	494
	作物残さ	千トン	226	209
	窒素供給計（A）	千トン	2,383	2,379
日本農地の窒素の適正受入限界量	農地面積	千ha	5,426	4,949
	ha当たり受入限界	kg/ha	250	250
	総受入限界量（B）	千トン	1,356.5	1,237.3
窒素総供給/農地受入限界比率	A/B	％	175.7	192.3

資料：資料：農業環境技術研究所『わが国の食料供給システムにおける窒素収支の変遷』，2003年。

表5 世界保健機関の1日当たり許容摂取量（ADI）に対する日本人の年齢別窒素摂取量

	1〜6歳 体重15.9kg	7〜14歳 体重37.1kg	15〜19歳 体重56.3kg	20〜64歳 体重58.7kg	65歳以上 体重53.2kg
摂取量(mg)	129	220	239	289	253
対ADI比(%)	218.5	160.1	114.8	133.1	128.4

出所：農林水産省ホームページ。
注：硝酸態窒素のADI＝3.7mg/日/kg体重（硝酸イオンとして）。

表6 硝酸態窒素の環境基準を超過した井戸の推移（全国）

年度	調査数（本）	超過数（本）	超過率（％）
1994	1,685	47	2.8
1995	1,945	98	5.0
1996	1,981	94	4.9
1997	2,654	173	6.5
1998	3,897	244	6.3
1999	3,374	173	5.1
2000	4,167	253	6.1
2001	4,017	231	5.8
2002	4,207	247	5.9
2003	4,288	280	6.5

出所：環境省ホームページから引用

　食料について問題なのは野菜で、日本には基準値がありません。**表7にありますように、EUでは2,500ppmの窒素濃度を超える野菜は食べてはいけないのですが、日本の野菜は、平均値で、ほうれんそうで3,600ppm、サラダ菜で5,400ppm、ターツァイで5,700ppmにもなっています。**EUでは硝酸体窒素の多い生のほうれんそうの裏ごしなどを赤ちゃんに食べさせて窒息死するという事故がたくさん起きて、規制がかかったのですが、日本は離乳食を与える時期が遅いから心配ないとか、因果関係は確定していない等の理由で基準値が設けられていな

表7 我が国の主な野菜の硝酸態窒素含有量

単位：mg/kg

品目	厚生労働省データ	参考			EUの基準値	
		英国のデータ（1999～2000年）				
ほうれんそう	3560±552(6)	11～12月	2180-2560(2)	【平均2370】	10月～3月	3000
サラダほうれんそう	189±233(6)	4～10月	25-3910(21)	【平均1487】	4月～9月	2500
レタス結球	634±143(3)	施設			施設	
		4～9月	937-3740(18)	【平均2247】	4月～9月	3500
		10～3月	1040-4425(19)	【平均3158】	10月～3月	4500
		露地			露地	
		4月	775-1461(2)	【平均1118】	4月～9月	2500
		5～8月	244-3073(26)	【平均1045】	10月～3月	4000
サニーレタス	1230±153(3)	9月	308-2119(17)	【平均1090】	施設	2500
サラダ菜	5360±571(3)	10～12月	670-3000(11)	【平均1348】	露地	2000
春菊	4410±1450		―		―	
ターツァイ	5670±1270		―		―	
青梗菜	3150±1760		―		―	

出所：農林水産省ホームページ。
注：1) 国立医薬品食品衛生研究所及び英国 food standard agency ホームページより。
　　2) データの欄の（　）内は分析件数。
　　3) 施設：温室内での栽培、露地：屋外での栽培。

いのです。しかし、井戸水で沸かした粉ミルクで、赤ちゃんが救急車で運ばれたケースもあります。

　これは、農業が悪いということではなく、本来循環機能を持っている農業が縮小して、循環しきれない栄養分を外から入れているから起きるのだと考えれば、農業を環境にやさしい産業としてもっと自給率を高め、国内の資源を循環して使い、輸入の食料・餌や化学肥料を減らすことが必要です。

　そのことを図6が示しております。輸入の食料・餌からの窒素が121万トン入ってきて、国産は51万トンで、そのうち畜産業から80万トンが環境に出てくることがわかります。しかも、飼料の80％は輸入に頼っていますから、80万トンのうちの64万トンが輸入の餌によるものということで、これがたいへんな量であることは、1.2億人の総人口から排出される64万トンの窒素に匹敵する量だということからわかります。そのほかの食品加工の残さや作物残さ等の様々な未利用資源

図6 わが国農業生産システムにおける窒素のフロー

(単位：千トンN、1997年)

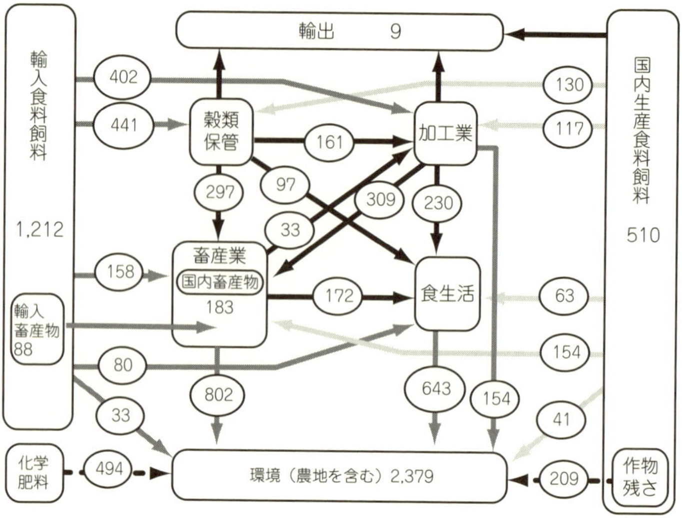

出所：農業環境技術研究所『わが国の食料供給システムにおける窒素収支の変遷』2003年。

も含めて、可能なかぎり、それらの国内資源を飼料や肥料として循環（リサイクル）させ、輸入の食料・飼料や化学肥料を節約することが環境負荷を軽減し、人々の健康を守るために重要であることが**図6**からわかります。そのような国内農業の発展が国土を保全し人々の健康にも役立つことを説明していく材料にしていただきたいと思います。

（4）非効率なコメは作るなという議論

そういうことも含めて、**表8**にございますが、日本の皆さんは、どうも狭い意味での銭金（ぜにかね）だけで食料生産というものを考えすぎていると思います。これはコメの関税を世界全体でなくした場合に、日本でどれだけメリットがあるかというような計算をしているの

表8 コメ関税撤廃の経済厚生・自給率・環境指標への影響試算
────経済効率で測れないものの重要性────

	変数	単位	現状	日韓FTA	日韓中FTA	WTO
日本	消費者利益の変化	億円		1523.6	21080.6	21153.8
	生産者利益の変化	億円		−1402.0	−10200.4	−10201.6
	政府収入の変化	億円		−988.3	−988.3	−988.3
	総利益の変化	億円		−866.7	9891.8	9963.9
	コメ自給率	%	95.4	88.6	1.7	1.4
	バーチャル・ウォーター	Km³	1.5	3.8	33.2	33.3
	農地の窒素受入限界量	千トン	1237.3	1207.5	827.2	825.8
	環境への食料由来窒素供給量	千トン	2379.0	2366.0	2199.4	2198.8
	窒素総供給/農地受入限界比率	%	192.3	195.9	265.9	266.3
	カブトエビ	億匹	44.6	41.4	0.8	0.7
	オタマジャクシ	億匹	389.9	362.1	7.1	5.8
	秋アカネ	億匹	3.7	3.4	0.1	0.1
世界計	フード・マイレージ	ポイント	457.1	207.6	3175.9	4790.6

資料：鈴木宣弘・木下順子試算。
注：世界をジャポニカ米の主要生産国である日本、韓国、中国、米国の4カ国からなるとし、コメのみの市場を考えた極めてシンプルな例示的なモデルによる試算。

ですが、消費者の皆さんは2兆1,000億円安いコメが買えるから得をしますと。生産者は1兆円損しますと。政府の関税収入みたいな部分が約1,000億円減りますが、それでもこの三つを差し引きすると9,963.9億円で、日本全体では約1兆円得するというのです。

ですから、安いものが買えるということは消費者のメリットで、それは日本全体で見ても、生産者の損失をはるかに上回るメリットがある。だから、日本でコメをつくらなくてもいいのだという。これが日本の経済的なメリットで言うときに出てくる議論であり、WTOのルールもこれしかないのです。国際分業だと、非効率であればつくるな、買えばいいという議論は、ここから出てくるということです。

これは、とても遅れた経済学です。経済学が悪いという人がいますが、経済学においても、すでに環境への影響などの外部効果を算入して総合的に判断すべき事は常識なのに、日本やWTOの議論のみが、それを勘案しない、とてもとても遅れた経済学に基づいているのです。

（5）水田をなくして失うもの

①窒素過剰の悪化

われわれは1兆円得しても、失うものがたくさんあるではないかというところを、もう少しきちんと示さなければいけない。そういう意味で、コメの自給率が1.4％でいいのかという議論は食料の確保の問題ですが、ここでは、つたない指標ですけれども、いろいろと試算しています。先述の窒素の過剰率というのは、現状が192.3％、1.9倍です。水田がほとんどなくなれば、窒素の過剰率は266.3％、2.7倍まで増え、赤ちゃんの窒息死のリスクが高まるのではないかという議論です。

②生物の多様性を失う

それから、カブトエビ、オタマジャクシ、秋アカネについてですが、日本でオタマジャクシというと、「何だ、そんなものは金にならない。まだ、空から降ってくる話のほうがおもしろい」と言う人が多いのですが、これはヨーロッパでは大変な指標でございます。北イタリアにも水田地帯がございますが、稲作経営が果たしている役割を考えると、コメの値段に反映されていないけれども、その果たしている役割については、地域の皆さんがちゃんと対価を払わなければいけないという議論があります。その理由は、一つはオタマジャクシ。生物多様性ですね。

③洪水防止機能、水質浄化機能を失う

もう一つは、日本でも言われているけれどもカウントされていない、ダムとしての洪水防止機能があるのではないか。それから、水をきれいにする水質浄化機能もある。こういうものを勘案すると、これをコメの値段に反映していないのであれば、これは別途お金を集めて払うべきであるというのがEU全体の税金から出る、手厚い直接支払いの根拠にもなっているわけです。

④フード・マイレージ

フード・マイレージについては、コメを輸入に依存すればフード・マイレージが10倍に増える、つまりCO_2の排出が10倍になりますから、これは環境に悪いでしょうということです。

⑤バーチャル・ウォーターについて

それから、バーチャル・ウォーターというのも最近よく言われますが、1.5㎢から33.3㎢と増えています。これは日本で22倍の水が節約できるということですが、これも世界的に見れば、水の比較的豊富な日本で水を節約して、米国のカリフォルニアとか、オーストラリアとか、中国の東北部で環境を酷使するのは、世界の水収支から言って非効率だということです。

こんなつたない指標では、まだまだ不十分ですが、こういうことをいろいろな段階で、できるだけ工夫していただくということも大事なのではないかと思います。

（6）WTOは何年かやっていればゼロ関税

実は、これは国内的な理解を共有するためだけではなくて、WTOのルールにはこういう指標は全然入っていなくて、先ほどの1兆円の利益しか考えていないわけです。それで関税を下げていくだけの議論をしているわけですから、WTOのルールのなかにもこういう指標を入れていかない限りは、今の流れは止まらない。WTOというのは、結局何年かやっていればゼロ関税になるわけですから。

「食料生産のマルチファンクショナリティ（多面的機能）に配慮する」という一文をWTOの閣僚宣言に入れるというような努力はずいぶん行われてきましたが、それは何の効力もありません。具体的な指標を貿易ルールに組み込むという形でなくては意味がありません。

（7）直接支払いは消費者補助金だという説明

　ある方が言っていて、なるほどと思ったのですが、「直接支払いというのは生産者の補助金ではない、消費者のための補助金であると。生産者の皆さんが、製造業のようにコスト見合いで価格をつけたら高くなってしまうから、消費者の皆さんは必需品の食料品をなかなか買えないではないか。それを下げて買えるようにするために使っている補助金なのだから、これは消費者補助金なのだ」と。それが生産者の皆さんに払われているかたちになっているだけだから、ちゃんとみんなで負担しましょうね、というのです。

　このことは、カナダ政府がずっと前から強調しているのです。そのように見方を変えれば、いろいろなかたちで生産者と消費者の皆さんが支え合っているという側面が見えてくるのではないかと思います。

（8）行動への仕組みづくりが大切

　それから、行動への誘因となる仕組みづくりという点で、よく言われるのは、高くても国産を買いますかとアンケートをとると、9割の方が「はい」と言っているのに、自給率は40％なのだから、多くの消費者は「嘘つきだ」という議論です。でも、嘘つきは嫌いだと言っても仕方ないわけで、やはり精神論ではだめなので、実際に動いてもらうにはどうしたらいいかということです。

　その動機づけをつくるために、最近、例えばこれはCO_2にからめての議論ですけれども、「この国産の豚肉を買うと200ｇのCO_2を削減できます」と表示しただけでは、安いものを見ると手が出てしまうので、韓国のように、$CO_2$１ｇにつき50円ぐらいで消費者に還元されるシステムを導入してはどうかということです。そうしますと目に見えるかたちで戻ってきますから、消費者は手が出やすくなるといったことを、

生産者、消費者、生協、農協等が、一緒になって工夫していくことも重要なのではないかという点がもう一つあります。

（9）食料生産が削減するCO_2をビジネスに

　先述のフード・マイレージのように国際的な輸送に関するCO_2削減量を排出権取引に乗せるのは困難な側面もありますが、米国等では、すでに、環境に優しい農業、例えば、不耕起栽培によって貯留できるCO_2の量をシカゴにある排出削減量の取引所（CCX＝Chicago Climate Exchange）で販売することで農家は収入を得ています。

　一般に、農業において、追加的なCO_2削減を行うコストは、電力会社等の企業が追加的なCO_2削減を行うコストよりも割安なので、農業の削減分（クレジット）を他産業が購入する形のカーボン・オフセット（相殺）の取引が成立しやすいのです。

　不耕起栽培の例で考えてみますと、通常の耕起栽培を不耕起栽培に転換すると、耕起の手間をかけないですみますから、10a当たりの生産費用は減少します。しかし、単収が減るため10a当たりの売上げが減少し、結果的に、収入マイナス費用で計算される10a当たりの利潤は減ってしまうことが多いのです。そこで、この減少する利潤を、不耕起栽培への転換による10a当たりの「機会費用」（失う利益）と考えることができます。

　米国の一例では、600エーカー（243ha）の圃場での実験で、トウモロコシの場合、通常の耕起栽培の利潤は年間231.79ドル／エーカー、不耕起栽培の利潤は219.23ドル／エーカーと試算されました。この差、12.56ドル／エーカーが不耕起栽培への転換の「機会費用」です。

　一方、米国では、CCXの取引を行うために、地域によって値は異なりますが、不耕起栽培によって貯留できる年間CO_2量は、0.6トン前

後と設定されており、その都度、実測する費用がかからないようになっています。いわゆるデフォルト値です。また、シカゴの取引所における2008年のピーク時のCO_2価格はトン当たり7ドルでしたので、これで評価すると、エーカー当たりの販売収入は4.2ドルになります。費用が12.56ドルかかるのに、最高値で評価しても収入は4.2ドルですから、この取引による収入だけで、平均的には、不耕起栽培への転換費用を償うことは、とてもできない状況のようです。しかし、米国では、環境に配慮した営農活動に対しては、別途、補助金も支払われますので、取引の収益と補助金を合わせた総合的収益で経営判断がなされていると考えられます。

実は、我が国においても、カーボン・オフセットの事業が進みつつあり、農業関連では施設園芸における暖房設備をボイラーからヒートポンプに切り替えることによるCO_2削減が取引されています。しかし、例えば、設備の導入に半額の補助金が支給されている場合には、節減できたCO_2の半分しか取引できないというような相殺が行われています。

理論的には、**図7**のように、食料自給率向上との関連で概念的に整理しておきましょう。例えば、食料自給率50％達成のために、生産者が努力して生産拡大したときにかかるコストに対して、市場で得られる収入では、他産業並みの所得にはならず、企業的には赤字になります。しかし、農が生み出す様々な社会的価値を勘案すると、社会的には費用を上回る効果があります。だから、生産者の努力と、消費者の「買い支え」と、排出権取引等の活用による収入と、それでも足りない分は政府の支えが相俟って、社会全体として食料生産がサポートされる構造になります。つまり、補助金か、取引か、の二者択一ではないということは認識する必要がありましょう。環境保全型農業をEU

図7 自給率50％達成のための価格への反映、取引、補助金の組合わせ

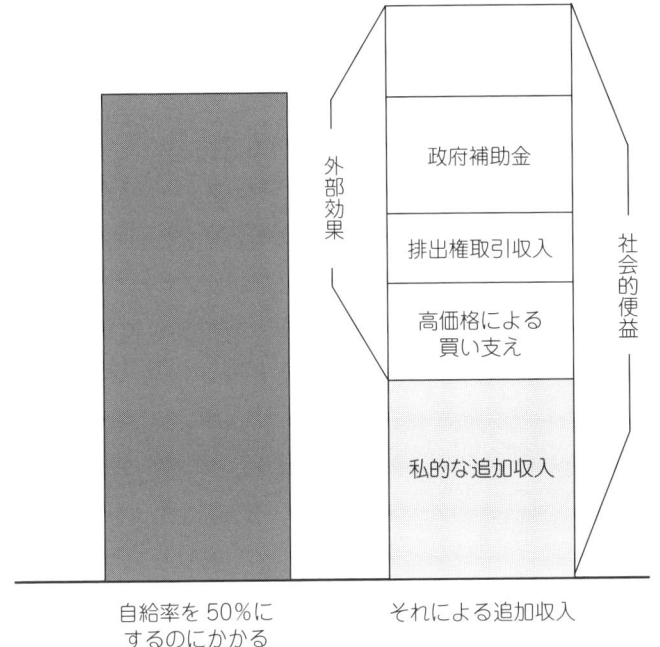

（図：棒グラフ。左側「自給率を50％にするのにかかる追加生産コスト」、右側「それによる追加収入」＝下から「私的な追加収入」「高価格による買い支え」「排出権取引収入」「政府補助金」。右側上部が「外部効果」および「社会的便益」として示されている）

では補助金で、米国では民間取引で推進している、という整理がされる場合もありますが、それも、どちらにウエイトを置くかで、けっして二者択一ではないのです。

10. 生産者と消費者、国民に届く施策を

　食料生産を社会的に支えることに理解を得るためには、農が身近にあることの価値、食料生産の果たしている役割をもう少し具体的に共有できる指標で説明することで、少々高くても買う意味や補助金を払う意味について、ヨーロッパ型のようなはっきりした理由づけを早急に確立する必要があると思います。

　また、特に、米国では、販売価格はそれなりに低く抑えつつ、生産者にも再生産が可能な形で、売り手と買い手の双方が持続できるような差額補填制度が食料政策の柱になっており、これが米国の世界食料戦略を支えてきました。

　政策の大枠の方向性としては、米国の不足払い型の所得の「岩盤」とヨーロッパ型の環境・景観等に基づく直接支払いを併用することが考えられますが、これは、戸別所得補償制度による岩盤の提供と環境直接支払いの充実という形で、取り入れられようとしております。

　この具体化にあたっては、政策をつくるのは現場であり、消費者、国民だという認識が重要です。現場で使いものにならなかったら意味がありませんし、消費者、国民が納得しなかったら、進められません。関係団体・組織は、「組織が組織のために働いたら組織は潰れ、拠って立つ人々のために働いてこそ組織は持続できる」ということを忘れてはならないと思います。

　また、政策決定にあたっては、二つの呪縛からの解放が必要です。一つは「緑」（非削減対象）の政策の呪縛です。WTOルールを金科玉

条のように考えることを見直さないと、本質を見誤ってしまいます。WTOルールは輸出国に有利な不公平な要素を含み、その輸出国自体も、十分に遵守しようとは考えていません。米国は「黄」（削減対象）の政策も必要なら新設するし、それを使用できる上限枠を気にはしていません。特に、過去実績に基づく支払いは、「生産を刺激してはいけない」という根拠で導入されましたが、一般の方から見ても、今年作らなくとも過去実績で補助金が支給され続けるというのは合理的ではありませんし、農家も経営者としての意欲が削がれてしまい、自給率も下がってしまいかねません。

　さらには、モラル・ハザード（意図的な安売り）論の呪縛を乗り越えて、戸別所得補償の水田のモデル事業を導入したのですから、今後、他の作目に拡大していくにあたって、例えば、畜産・酪農の所得補償を考えるときにも、モラル・ハザード論を持ち出すのをやめなければ整合性がとれません。

　食料生産はまさに国土環境を健全に保ち、国民の心身を守り育む、そして世界の貧困問題の軽減にも貢献するという大きな社会的使命を担っておりますが、国民一人一人がそうした視点を持ってくれれば、食料政策の予算は、農水予算の枠内で、ただ削減すればよいという議論の誤りも理解されます。食料政策予算には、ODA（政府開発援助）予算、防衛予算、環境政策予算、教育予算の側面もあり、高齢者の雇用創出による社会保障費の節減にもつながる等、様々な側面が理解されてくると思います。

　こうした理解の下で、国家戦略なき予算削減に早く歯止めをかけないと、アクセルとブレーキを一緒に踏むような状態から抜けきれず、掲げられた大きな方向性にも「尻すぼみ」感が広がり、日本の食の未来が開けません。

鈴木　宣弘（すずき　のぶひろ）

[略歴]
東京大学大学院農学国際専攻教授
1958年三重県生まれ。1982年東京大学農学部卒業。農林水産省、九州大学教授を経て、2006年より現職。主著に、『食料を読む』（共著、日経文庫、2010年）、『現代の食料・農業問題―誤解から打開へ―』（創森社、2008年）、『日豪EPAと日本の食料』（筑波書房、2007年）等。

筑波書房ブックレット㊼

食の未来に向けて

2010年4月5日　第1版第1刷発行

著　者　鈴木宣弘
発行者　鶴見治彦
発行所　筑波書房
　　　　東京都新宿区神楽坂2-19 銀鈴会館
　　　　〒162-0825
　　　　電話03（3267）8599
　　　　郵便振替00150-3-39715
　　　　http://www.tsukuba-shobo.co.jp

定価は表紙に表示してあります

印刷／製本　平河工業社
©Nobuhiro Suzuki 2010 Printed in Japan
ISBN978-4-8119-0367-5 C0036